CB056222

Carlos Manoel Nieble

desmontes cuidadosos com explosivos

aspectos de engenharia
e ambientais

© Copyright 2017 Oficina de Textos

Grafia atualizada conforme o Acordo Ortográfico da Língua Portuguesa de 1990, em vigor no Brasil desde 2009.

Conselho editorial Arthur Pinto Chaves; Cylon Gonçalves da Silva; Doris C. C. K. Kowaltowski; José Galizia Tundisi; Luis Enrique Sánchez; Paulo Helene; Rosely Ferreira dos Santos; Teresa Gallotti Florenzano

Capa e projeto gráfico Malu Vallim
Diagramação Douglas da Rocha Yoshida
Foto capa e 4ª capa *Desmonte não agressivo (DNA)* de Benedicto Hadad Cintra; *Páteo da UHE Serra da Mesa* de Carlos Manoel Nieble
Preparação de figuras Vinicius Araujo da Silva
Preparação de textos Ana Paula Ribeiro
Revisão de textos Hélio Hideki Iraha
Impressão e acabamento Rettec artes gráficas

Dados Internacionais de Catalogação na Publicação (CIP)
(Câmara Brasileira do Livro, SP, Brasil)

Nieble, Carlos Manoel
  Desmontes cuidadosos com explosivos: aspectos de engenharia e ambientais / Carlos Manoel Nieble. -- São Paulo : Oficina de Textos, 2017.

  Bibliografia.
  ISBN 978-85-7975-287-2

  1. Danos - Redução 2. Engenharia civil 3. Escavação 4. Explosivos 5. Meio ambiente I. Título.

17-09770 CDD-662.2

Índices para catálogo sistemático:
1. Explosivos : Desmontes : Tecnologia 662.2

Todos os direitos reservados à **Oficina de Textos**
Rua Cubatão, 798
CEP 04013-003 São Paulo Brasil
Fone (11) 3085-7933
www.ofitexto.com.br e-mail: atend@ofitexto.com.br

Prefácio

Este livro descreve primeiramente os efeitos danosos da escavação com explosivos sobre as estruturas e o meio ambiente, tais como velocidades de vibração, impacto de ar, ultralançamento ou lançamento acidental de fragmentos a grande distância, e pressão hidrodinâmica, nos casos de desmonte subaquático.

Os desmontes cuidadosos procuram controlar esses efeitos. São utilizados em minerações, fundações de hidrelétricas, túneis, pontes e taludes de rodovias, bem como em obras em zonas urbanas, quando o projetista deve se preocupar com o desconforto das pessoas na vizinhança. Em desmontes subaquáticos, além das pressões hidrodinâmicas e seus efeitos sobre estruturas, a preocupação com a fauna aquática deve ser levada em consideração no projeto e na realização do desmonte.

Este livro apresenta os conceitos e as estratégias para mitigar esses efeitos tanto nas estruturas vizinhas como no meio ambiente, com recomendações dos melhores procedimentos a adotar. Destina-se aos profissionais que se dedicam ao desmonte de rochas e a estudantes dos cursos de graduação e pós-graduação em Engenharia Civil e Mineração.

Em meu artigo "Observação, instrumentação e interpretação da obra", publicado pela atual Associação Brasileira de Geologia de Engenharia e Ambiental (ABGE) nos Anais do Simpósio sobre Escavações Subterrâneas, em 1982, afirmava que a monitoração tinha virado moda e que a obra era "monitorada por monitorar", sem objetivo claro.

Com o passar do tempo isso mudou, e hoje em dia a monitoração é feita efetivamente; no entanto, sua interpretação ainda deixa muito a desejar, como se pode observar nos casos de túneis com várias rupturas em que a monitoração alertava que ocorreria desvio em aceleração de um comportamento estável, mas não foi dada a mínima atenção ao que as medidas evidenciavam.

Quando fui pesquisador do Instituto de Pesquisas Tecnológicas de São Paulo (IPT), participei de um caso que dizia respeito às captações vindas das detonações executadas numa mineração a mais de 3 km de distância da cidade de Belo Horizonte. Havia um prédio, situado na cidade, que vibrava bastante após as detonações, a ponto de os armários se afastarem das paredes. A reflexão de ondas numa falha geológica e a superposição de ondas levaram a uma ressonância construtiva com a frequência própria do edifício, tendo como resultado o crescimento das amplitudes de vibração nos andares superiores.

Em outro caso de que participei, a segurança nas vizinhanças das detonações de uma obra a céu aberto era fundamental. As medidas de velocidade de vibração e impacto de ar eram executadas pela empresa encarregada dos desmontes, que simplesmente encenava a colocação do geofone e inventava os resultados. Desmascarado o caso, foi contratada uma empresa especializada, e a monitoração foi efetivamente assegurada.

E há ainda o caso da ruptura do talude lateral do vertedouro da usina hidrelétrica de Itapebi, ainda em construção, que só foi monitorada porque o topógrafo insistiu em fazer um controle topográfico dos vergalhões instalados na região problemática. Graças a essa monitoração foi possível comprovar que a ruptura não se deu pela negligência da construtora, e assim o seguro proveu o ressarcimento.

Portanto, conclui-se que a monitoração deve ser bem selecionada durante a construção da obra e após sua conclusão. Durante, para verificar a segurança da obra, das pessoas e do entorno, bem como atender à seguradora, mostrando que não há negligência. Após o término da construção, para acompanhar o comportamento da obra e atestar seu bom funcionamento.

Em resumo, os aspectos potencialmente prejudiciais da utilização dos explosivos, incluindo a velocidade de vibração, o impacto de ar, o ultralançamento e a pressão hidrodinâmica, se a detonação for subaquática, devem ser monitorados durante a construção para garantir uma segurança adequada e atender à legislação ambiental e ao seguro da obra, mostrando não ter havido desleixo em sua execução.

Dedico este livro a Benedicto Hadad Cintra, *in memoriam*, que tinha um espírito jovem e pesquisador, e ressalto que ele contém vários textos que discutimos extensivamente.

Sumário

1   **PRÁTICAS ATUAIS NO DESMONTE DE ROCHAS, 7**
1.1   Perfuratrizes, explosivos e sistemas de iniciação e retardos entre cargas, **7**
    1.1.1 Perfuratrizes, **7**
    1.1.2 Explosivos, **8**
    1.1.3 Sistemas para ligação entre furos, **9**
1.2   Desmontes de contorno, **14**
1.3   Recomendações práticas, **18**
    1.3.1 Escavações a céu aberto, **18**
    1.3.2 Túneis, **24**

2   **EFEITOS DANOSOS DA DETONAÇÃO COM EXPLOSIVOS, 25**
2.1   Poeira e gases da detonação, **26**
2.2   Ventilação em túneis, **27**
2.3   Danos ao maciço remanescente, **27**
    2.3.1 Exemplos de danos à rocha, **28**
2.4   Ultralançamento, **32**
2.5   Impacto de ar, **33**
    2.5.1 Velocidade do som no ar, **34**
    2.5.2 Pressão acústica, **34**
    2.5.3 Comparação de alguns ruídos, **35**
2.6   Velocidades de vibração, **36**
    2.6.1 Ondas sísmicas, **37**
2.7   Pressão hidrodinâmica, **42**

3   **DINÂMICA DE MACIÇOS ROCHOSOS, 45**
3.1   Mapeamento geológico e classificação geomecânica dos maciços, **45**
3.2   Aspectos teóricos, **50**
3.3   Danos à rocha remanescente, **52**
3.4   *Overbreaks* geológicos, **57**
    3.4.1 Reflexão em uma bancada ou em um túnel, **58**
3.5   Velocidades de vibração, **64**

4   CONTROLE DE DANOS, 67
4.1 Controle de velocidade de vibração, **67**
4.2 Leis de propagação de vibrações, **69**
    4.2.1 Obras a céu aberto, **71**
    4.2.2 Obras subterrâneas, **72**
4.3 Principais critérios de segurança, **74**
    4.3.1 Critérios de segurança para taludes em solo, **74**
    4.3.2 Critérios para os tratamentos aplicados aos taludes, **75**
    4.3.3 Critérios de segurança internacionais, **75**
    4.3.4 Zonas de risco, **81**
    4.3.5 Impacto de ar, **83**
    4.3.6 Ultralançamento, **85**
    4.3.7 Zonas de detonação ou ultralançamento (ZD), **88**
    4.3.8 Cálculo do ultralançamento, **90**
    4.3.9 Pressão hidrodinâmica, **94**

5   DESMONTES ESPECIAIS NA PRÁTICA, 99
5.1 Fragmentação, **99**
5.2 Desmontes próximos a concretos, **105**
5.3 Desmonte a frio, **111**
5.4 Recomendações para desmontes em zona urbana, **113**
    5.4.1 NBR 9061 – Segurança de escavação a céu aberto, **113**
    5.4.2 DT.013 da Cetesb – Visa ao meio ambiente, **115**
    5.4.3 Cetesb, D7.013, São Paulo, 2015, **115**
    5.4.4 Pressão acústica, normas e respostas estruturais e humanas, **116**

ANEXO 1, **119**

REFERÊNCIAS BIBLIOGRÁFICAS, **125**

SOBRE O AUTOR, **127**

Práticas atuais no desmonte de rochas

1.1 Perfuratrizes, explosivos e sistemas de iniciação e retardos entre cargas

1.1.1 Perfuratrizes

Tratar de práticas atuais de perfuração para desmonte de rochas é complexo. Minerações e grandes obras civis utilizam perfuratrizes hidráulicas de grande diâmetro, explosivos bombeados são colocados diretamente nos furos e grandes equipamentos são utilizados para remoção e transporte do entulho da detonação.

Já quando se trata de desmontes cuidadosos, sejam eles para mineração ou engenharia civil, o usual é utilizar perfuratrizes mecânicas de menor diâmetro, ou mesmo marteletes de avanço pneumático ou manual e explosivo encartuchado. Tais equipamentos e materiais são utilizados quando a mineração ou a obra de engenharia civil situa-se dentro ou próxima de zonas urbanas e pode causar danos a estruturas nas vizinhanças ou desconforto ao pessoal envolvido e à fauna do meio ambiente no entorno.

Existem três sistemas básicos de perfuração de rochas para desmontes:
- perfuratrizes percussivas;
- perfuratrizes rotopercussivas;
- perfuratrizes *down the hole* (DTH).

Perfuratrizes de acionamento hidráulico, tricônicas ou DTH podem permitir maiores diâmetros de perfuração.

A evolução das antigas perfuratrizes para as existentes atualmente no mercado não autoriza sua utilização nos desmontes cuidadosos com explosivos, em razão, principalmente, do seu grande diâmetro, que permite a utilização de grandes cargas de explosivo por furo, o que não é recomendável, pois as velocidades de vibração transmitidas, o impacto de ar e o perigo de ultralançamento são grandes.

Em furos de diâmetro maior que 4½", a velocidade de perfuração pode ser aumentada pelo método DTH, em que o dispositivo de percussão atua junto à cabeça de perfuração, minimizando as perdas de energia pelas hastes e aumentando a produtividade.

Entretanto, nos trabalhos a céu aberto referentes a desmontes cuidadosos, normalmente se utilizam perfuratrizes de 2", 2½", 3" e 3½". Quando as cargas por furo têm que ser menores, utilizam-se marteletes de avanço pneumático ou marteletes manuais.

Nos desmontes realizados para a abertura de túneis, é comum a utilização de jumbos de um, dois ou três braços, dependendo da área da seção final a ser escavada (Fig. 1.1).

Esses equipamentos dispõem geralmente de controle automatizado de paralelismo entre furos, e seus avanços chegam a 4 m ou mais em maciços de boa qualidade. Em maciços de qualidade menor, os avanços são reduzidos para 2,40 m ou mesmo 1,20 m. Os diâmetros dessas perfuratrizes automatizadas em geral estão entre 45 mm e 51 mm.

Para manter um desmonte cuidadoso, o importante é que se permita a redução da carga por furo, seja pela redução do avanço, seja pela execução de seções parciais em vez de seções plenas de escavação.

Nos desmontes subaquáticos, quando a rocha se encontra abaixo do nível de água, utiliza-se o método *overburden drilling* (OD) ou ainda barcaças de perfuração. O método OD permite que a perfuração seja iniciada a seco, através de solos e maciços alterados e a colocação de cargas explosivas na rocha a detonar. Às vezes, coloca-se solo acima da rocha para permitir a furação a seco.

1.1.2 Explosivos

Até a década de 1960, utilizavam-se dinamite e gelatina especial na detonação, que apresentavam várias forças, de 40% a 90%, porcentagem que traduzia a quantidade de energia liberada. A força de um explosivo é medida pela prova de Trauzl, que a compara com um explosivo com trinitroglicerina e a expressa como uma porcentagem em relação a esse padrão. Isso permitia a utilização de um explosivo

Fig. 1.1 *Jumbo de perfuração de dois braços da série Boomer M, da Atlas Copco*

de maior força no miolo da escavação e um explosivo de menor força na zona de aproximação e contorno, ou seja, próximo dos limites da escavação.

Em razão do advento dos explosivos tipo *ammonium nitrate/fuel oil* (Anfo), lamas (*slurries*) e emulsões que contêm em sua composição outros elementos detonantes são os mais utilizados atualmente, e a prática anterior foi abandonada. O Anfo consiste numa mistura de nitrato de amônio (fertilizante) e óleo diesel. Já as *slurries* e as emulsões contêm na sua composição, além dos materiais já citados, pó de alumínio, nitroglicol, nitrito de sódio e outros. As emulsões são constituídas por explosivos de nitrato de amônio, em combinação com outros compostos químicos que as estabilizam e as tornam resistentes à água.

Tanto os explosivos tipo Anfo como as emulsões podem ser lançados diretamente em furos, através de caminhões.

Os explosivos tipo Anfo têm baixo custo, mas geralmente não são utilizados se houver água no maciço, pois ela os prejudica. Na ocorrência de água, é recomendado revestir o furo previamente. O explosivo deve ser isolado da água, pois a presença desse líquido não traz bons resultados ao controle do desmonte. É recomendado seu rebaixamento, se possível, para minimizar vibrações ou ao menos o desaguamento do furo, a fim de garantir melhores resultados da detonação de explosivos ensalsichados ou bombeados. Com água nos furos, os explosivos tipo emulsão encartuchada não conseguem apresentar boa razão linear de carregamento. Se o nível de água do maciço aparecer ao longo do furo, em qualquer cota, pode comprometer a qualidade da operação. A emulsão bombeada em furos não desaguados não apresenta boa qualidade na base e no topo do furo.

1.1.3 Sistemas para ligação entre furos

Os furos que serão detonados devem ser interligados para que as detonações ocorram em sequência, obtendo-se os resultados planejados no desmonte.

Existem três sistemas básicos para ligação entre furos: o cordel detonante, o sistema não elétrico de tubos de choque (SNETC) e o eletrônico. O sistema que utiliza o método elétrico não é mais empregado, pois apresenta problemas de segurança: é muito susceptível a descargas atmosféricas e a correntes estáticas parasitas.

O cordel detonante constitui-se de um explosivo, o nitropenta, com velocidade de detonação de 7.000 m/s. O SNETC constitui-se de um plasma sob pressão que percorre um tubete após sua iniciação. Por sua vez, o sistema eletrônico permite adaptação às características do maciço, possibilitando um controle maior do nível de vibrações e impacto de ar que atinge as estruturas e o meio ambiente.

A iniciação e a ligação para os desmontes cuidadosos, em regiões urbanas, poderão ser feitas de três formas diferentes:

- 💣 *Cordel detonante nos furos e retardo de cordel na superfície*: neste caso, é preciso ligação redundante para evitar detonação muito engastada. A detonação é assim chamada quando os furos não saem na sequência planejada inicialmente. O engaste representa maior grau de dificuldade para o arranque, o que se traduz em maiores níveis de vibração e consequentemente em maiores danos nas vizinhanças. A ligação fechada (redundante) não permite falha. A ligação aberta permite a falha por corte do cordel. Furos detonarão atrás de furos falhados, causando, portanto, grandes vibrações por alto engaste.

    É recomendado por todos os fabricantes de cordel e pelas normas internacionais de segurança que seja garantido a cada furo iniciação por dois caminhos diferentes, para que não haja falha. Na ligação simples, pode-se prever alta probabilidade de repé, quando remanesce uma parcela de rocha não detonada que fica no fundo da bancada; ultralançamento; fragmentação inadequada; diluição por danos à rocha, quando ocorre fragmentação excessiva que reduz os tamanhos dos fragmentos desmontados; e alta vibração causada pela alta carga por espera e pelo engaste.

    A Fig. 1.2 ilustra o que pode acontecer quando se tem uma falha de cordel em caso de ligação simples.

- 💣 *SNETC tipo túnel nos furos e retardos de cordel detonante ou SNETC na superfície*: este é um sistema redundante por natureza e possibilita o uso de cordel ou SNETC na superfície, além de facilitar a ligação. Seu emprego é obrigatório na zona de aproximação dos taludes finais da escavação.

    O SNETC é desejável para diminuir o impacto de ar que chega a residências, prédios industriais e meio ambiente local. Proporciona melhores resultados de fragmentação, de eliminação do repé, além de menor possibilidade de roubo

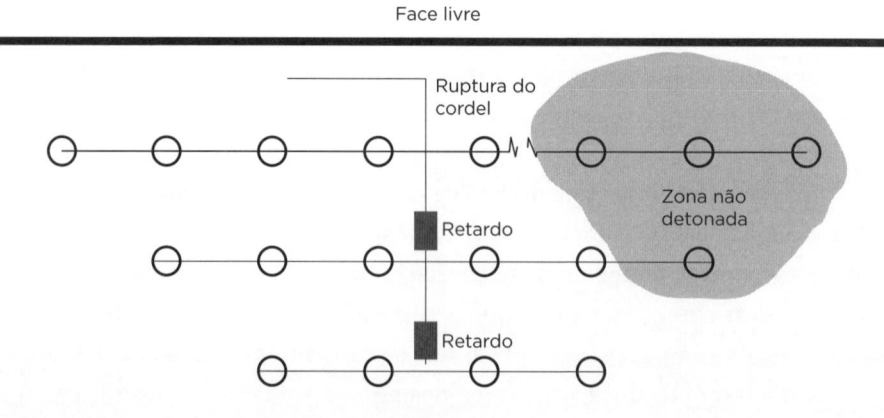

Fig. 1.2 *Planta do fogo ilustrando falha na ligação de cordel*

de furos. Roubo de furo é um fenômeno em que um furo detona concomitantemente com outro que estava em espera (tempo) diferente.

O SNETC é mais estanque à água do que o sistema cordel detonante. Se houver falha de uma ou mais espoletas do SNETC, elas serão neutralizadas pela entrada de água. A probabilidade de falha de uma delas é muito baixa.

As maiores vantagens do uso desse sistema em termos de segurança são decorrentes dos seguintes fatos:

- os sistemas de iniciação atualmente possuem uma precisão que resulta num tempo de detonação diferente do indicado pelo fabricante;
- sistemas com apenas um retardo na superfície são bastante precisos (cordel e retardo de cordel);
- sistemas com um retardo no furo (SNETC tipo túnel) e cordel sem retardo na superfície ou SNETC tempo zero são os que garantem menor vibração e impacto de ar.

Para ilustrar o significado da precisão dos retardos, foi escolhido como exemplo o SNETC (Fig. 1.3). Neste caso, usa-se retardo dentro do furo e retardo na superfície. Supor também que o retardo de superfície seja de precisão e com valor de 25 ms. O retardo de furo a ser considerado é de 250 ms ± 10%. A Fig. 1.3 ilustra o problema potencial. Assim, se forem usados 250 ms como retardo total da detonação e 250 ms como retardo no furo, o esquema teórico (plano de fogo) pode chegar a 275 ms no retardo total do fogo, caso se usem retardos de 25 ms em superfície, mantendo os mesmos 250 ms de retardo no furo, supondo que esse retardo não apresente dispersão. Os esquemas real 1 e real 2 mostram que pode haver ressonância construtiva, ou superposição de ondas, caso haja dispersão tanto nos retardos de superfície como nos do furo, para mais ou para menos, quando teoricamente isso não deveria acontecer, como mostram os círculos da direita. Se ocorrer uma inversão de detonação nos furos, haverá grande engaste e, portanto, alta vibração.

Se, no caso da Fig. 1.3, a precisão dos retardos fosse igual a 5%, não haveria esse tipo de problema, ou seja, não ocorreria superposição de ondas.

Sistemas de retardo dentro do furo são mais precisos que outros. Porém, por não apresentarem retardos na superfície, são mais seguros para fogos cobertos com areia ou argila, esteiras, pneus etc., onde é comum ver máquinas trafegando em cima.

- *Sistema eletrônico*: trata-se de sistema de grande precisão, pois permite uma adaptação dos tempos de retardo às características geomecânicas do maciço, reduzindo o nível de vibrações e melhorando a fragmentação. É muito utilizado em escavações de pedreiras em zona urbana ou quando se deseja fazer uma detonação muito próximo a residências habitadas.

A determinação da velocidade de detonação de um explosivo dentro do furo (VOD) é característica de cada maciço e depende do diâmetro, do grau de confinamento, do tipo de iniciação, da presença de água e de outros fatores, influenciando a velocidade de vibração e o impacto de ar, que podem ser reduzidos substancialmente.

Recomenda-se monitorar com dispositivos eletrônicos, inclusive com câmera de vídeo, os resultados de cada detonação.

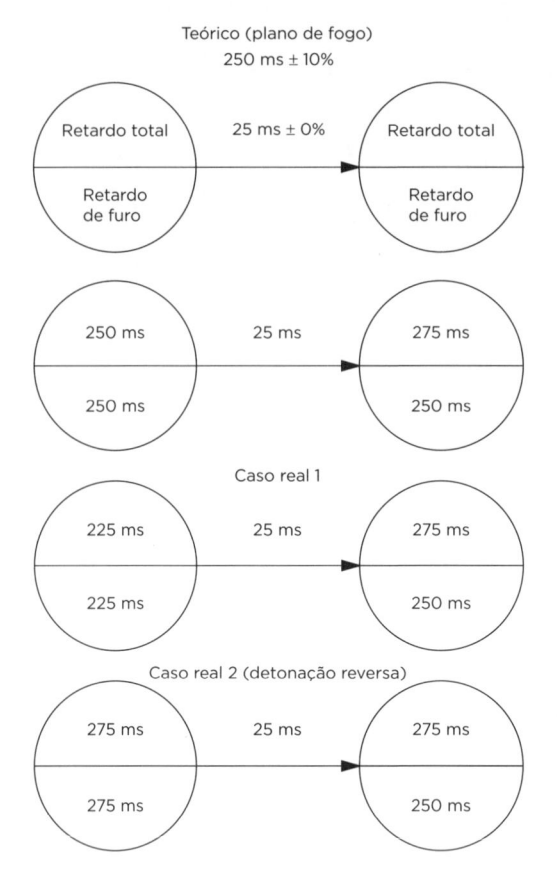

Fig. 1.3 *SNETC nos furos*

💣 *Planos de fogo*
- A *céu aberto*: caracteriza-se por uma série de elementos, que devem ser definidos para posterior execução em campo:
  - altura de bancada;
  - inclinação da face;
  - afastamento, ou seja, distância da primeira linha à face de bancada e distância entre linhas;
  - espaçamento ou distância entre furos de cada linha;
  - tampão de cada furo, usualmente de material granular;
  - ar (*airdeck*) de cada furo;
  - razão de carga linear de cada furo carregado;
  - ligação e retardo entre furos.

A título de ilustração, os valores típicos dos planos de fogo em desmonte a céu aberto são apresentados. Assume-se a utilização de emulsão como explosivo e bancadas com 10 m de altura.

No desmonte de miolo, a mais de 10 m do futuro contorno final:
- diâmetro do furo: 3" a 4";
- explosivo por furo: 30 kg a 50 kg;
- carga máxima por espera: 200 kg a 400 kg;
- malha alongada, 1 m a 3 m de afastamento e 4 m a 6 m de espaçamento;
- razão de carregamento: 0,4 kg/m³ a 0,7 kg/m³.

Observação: em mineração são utilizados furos de até 10" de diâmetro.

No desmonte cuidadoso, a menos de 10 m do contorno final:

- diâmetro do furo: 2½" a 3";
- explosivo por furo: 20 kg a 30 kg;
- carga máxima por espera: 40 kg a 60 kg;
- malha quadrada, com dimensão de 2 m a 3 m.

A Fig. 1.4 mostra um plano de fogo típico a céu aberto.

○ *Subterrâneo*: caracteriza-se pela estratégia de um primeiro desmonte do pilão, mais energético e longe do contorno final, e passos cuidadosos em direção ao contorno da escavação:
- pilão, representando o primeiro impacto para a abertura subterrânea;
- furos de alívio do pilão;
- furos de alargamento;
- furos de contorno;
- sequenciamento do fogo;
- avanço da abertura subterrânea.

Valores típicos para um plano de fogo subterrâneo, com os furos realizados com jumbo e seções transversais maiores que 100 m², são apresentados a seguir:
- avanço de 4,5 m (rocha dura) a 1,6 m (rocha alterada);
- diâmetro do furo: 40 mm a 51 mm;

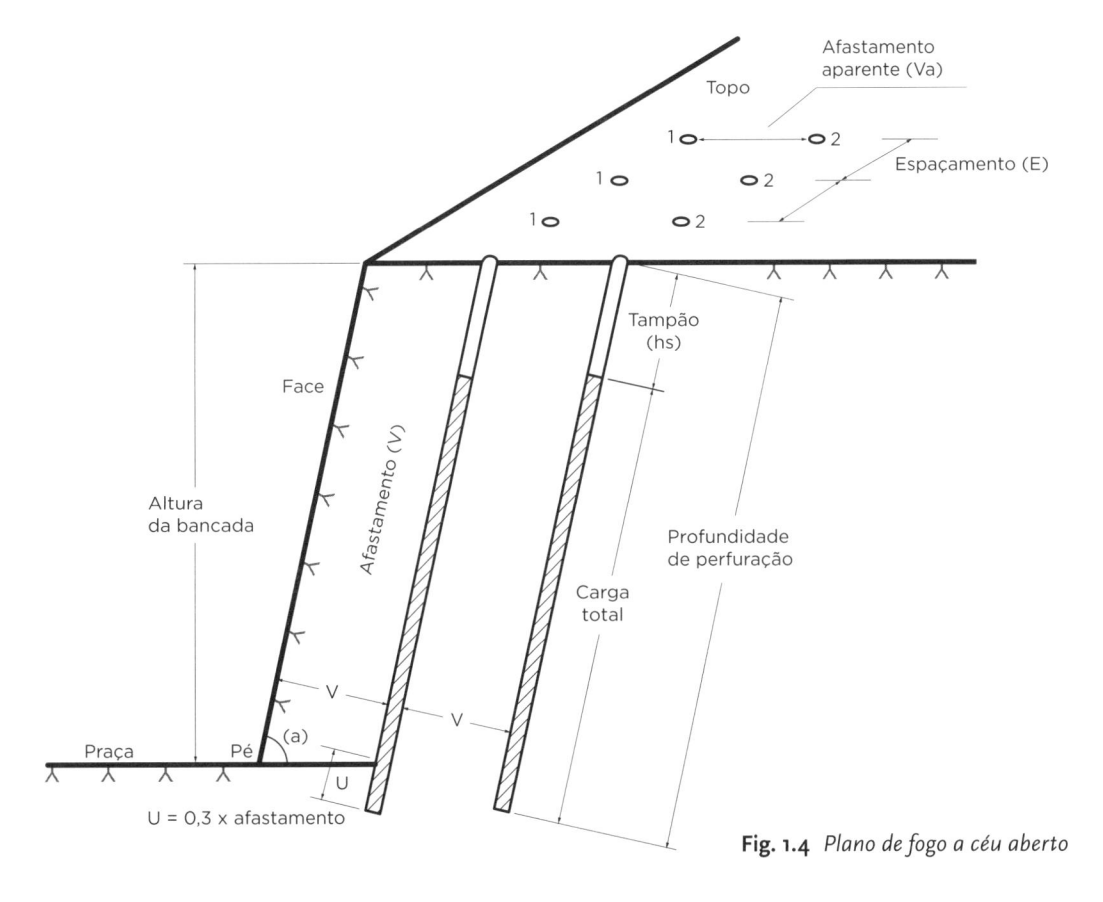

Fig. 1.4 *Plano de fogo a céu aberto*

- diâmetro dos furos de alívio do pilão: 100 mm a 150 mm;
- razão de carregamento: 0,6 kg/m³ a 1,0 kg/m³;
- contorno executado com churrasquinho ou cordel detonante, com furos espaçados de 0,6 m a 0,9 m.

A Fig. 1.5 mostra o desmonte de seção típica de túnel com SNETC coluna nos furos e retardador de superfície, recomendado para zonas urbanas, em que se pretende minimizar os impactos de ar e as velocidades de vibração.

1.2 Desmontes de contorno

As técnicas de execução do contorno das escavações são chamadas de desmonte escultural e envolvem pré-fissuramento, pós-fissuramento e *line drilling*, ou perfuração em costura. São técnicas para minimizar os danos provocados pelos explosivos e transmitidos ao maciço remanescente. O nome *pré-fissuramento* é dado quando o fogo de contorno sai antes do fogo principal, e *pós-fissuramento* quando sai depois.

Geralmente os fogos de pré e pós-fissuramento são instantâneos, a não ser quando são muito extensos, caso em que devem ser retardados, visando a não provocarem muita vibração. A precisão no emboque e o paralelismo dos furos são essenciais para um bom acabamento da escavação.

Em desmontes a céu aberto, na zona de aproximação aos furos de contorno, recomenda-se reduzir a distância entre furos para 50% a 70% do afastamento dos furos do fogo de miolo, reduzindo-se proporcionalmente a carga.

A razão de carregamento recomendada para os fogos de pré ou pós-fissuramento é da ordem de 300 g/m² de superfície. A Tab. 1.1 mostra, para os diâmetros de perfuração usuais, a distância recomendada entre furos.

Pode ser executado com churrasquinho, isto é, com cargas explosivas espaçadamente colocadas em bambu ou madeira (fig. 1.6), ou ainda pela utilização de cordel detonante, em geral NP-40, com um cartucho de carga no fundo, para aliviar o confinamento.

A vantagem de utilizar o cordel é que ele não apresenta a fase de expansão de gases, devido a sua elevada velocidade de detonação (7.000 m/s), mas produz muito impacto de ar.

O pré-fissuramento funciona melhor paralelamente à frente de avanço. Quando a frente de avanço é perpendicular a ele, ela pode facilmente destruir os bons resultados.

A perfuração linear (*line drilling*) consiste na perfuração de uma fileira de furos sem carga, espaçados de duas a três vezes o diâmetro do furo.

Tab. 1.1 Distância entre furos para fogos de pré e pós-fissuramento em função do diâmetro

Diâmetro do furo (mm)	Distância entre furos (m)
37	0,30 a 0,50
50	0,45 a 0,60
75	0,60 a 0,90
100	0,80 a 1,20

1 Práticas atuais no desmonte de rochas | 15

Plano de fogo das vias							
Carregamento							
Tipos	Furos (m)	Comprimento (m)	Cartucho p/ furo (un)	Tipo de explosivos	Peso p/ furo (kg)	Peso total (kg)	
Contorno	26	4,00	1	11/4"x16"+1x(11/2"x16")	0,94	24,43	
Auxiliares	33	4,00	9	11/2"x16"	4,79	158,00	
Sapateira	8	4,00	10	11/2"x16"	5,32	42,56	
Pilão	13	4,00	10	11/2"x16"	5,32	69,16	
Peso Total (contorno + auxiliares + sapateira + pilão)						294,15	

Características do plano de fogo						
Furo útil (m)	Avanço (m)	Área de desmonte (m²)	Volume de desmonte (m³)	Razão de carregamento (kg/m³)	Cme (kg)	Furos por espera (un)
4,00	3,68	33,60	123,65	2,38	5,32	1

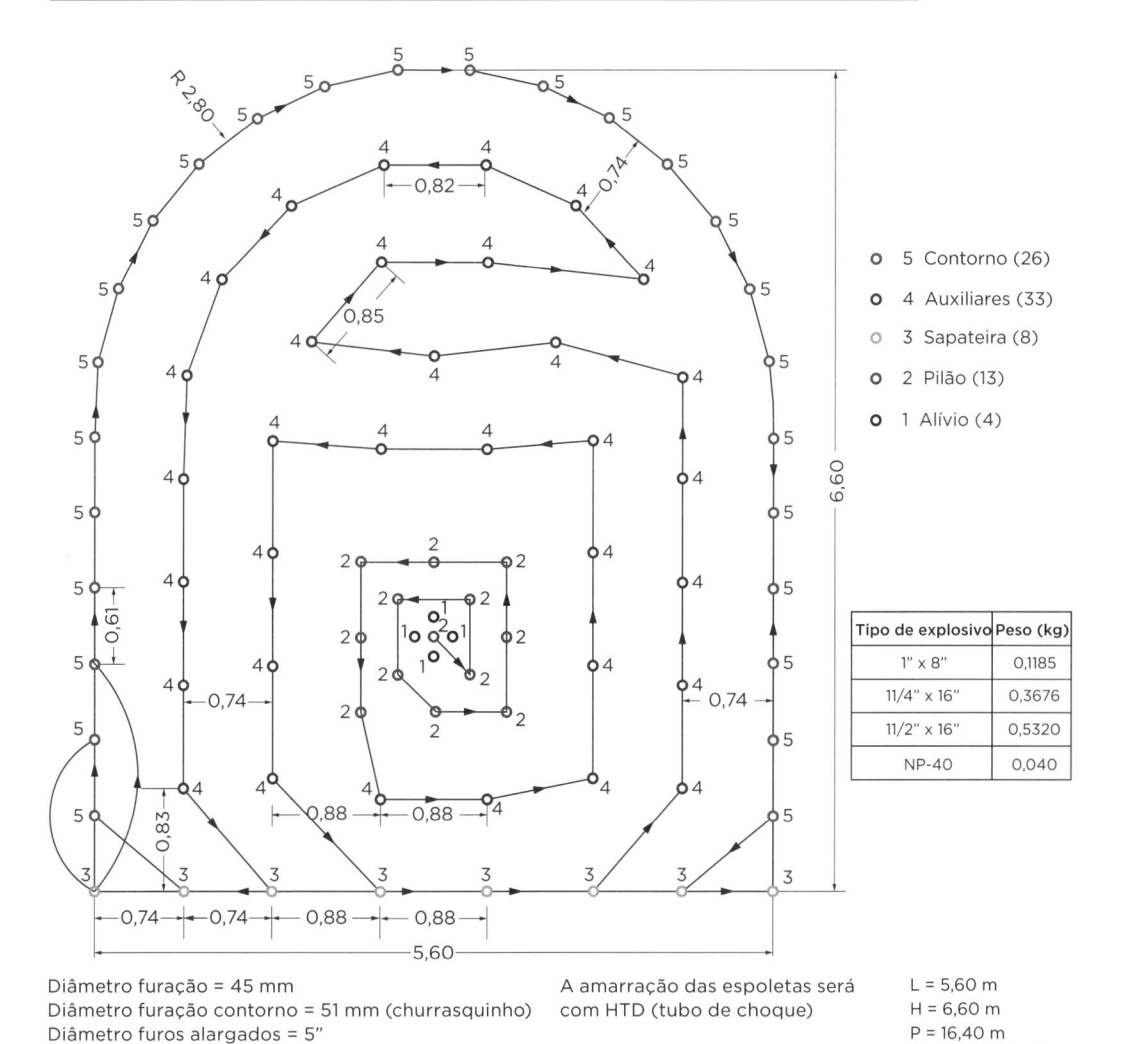

- 5 Contorno (26)
- 4 Auxiliares (33)
- 3 Sapateira (8)
- 2 Pilão (13)
- 1 Alívio (4)

Tipo de explosivo	Peso (kg)
1" x 8"	0,1185
11/4" x 16"	0,3676
11/2" x 16"	0,5320
NP-40	0,040

Diâmetro furação = 45 mm
Diâmetro furação contorno = 51 mm (churrasquinho)
Diâmetro furos alargados = 5"

A amarração das espoletas será com HTD (tubo de choque)

A detonação será iniciada com *lead in line* (tubo de choque)

L = 5,60 m
H = 6,60 m
P = 16,40 m
Área = 33,60 m²

Fig. 1.5 *Plano de fogo típico de túnel para zona urbana*

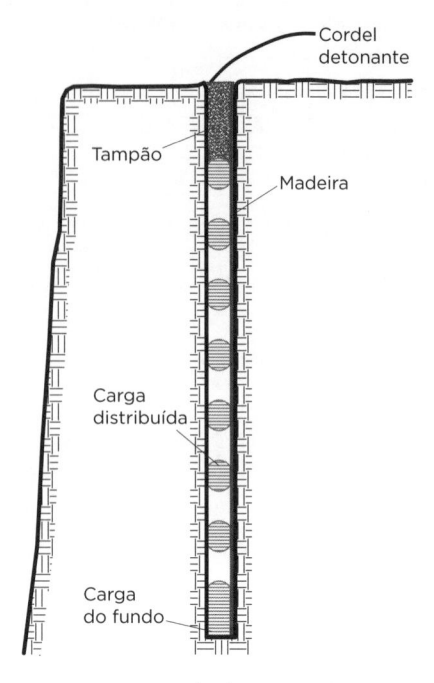

Fig. 1.6 *Esquema do churrasquinho*

A céu aberto existem provas da ação da onda de choque no escamamento da face livre criada pelo fogo anterior. Na Fig. 1.7 é apresentado o caso em que o desmonte escultural foi desenvolvido nas laterais do fogo. Após sua conclusão, foi possível verificar que o desmonte escultural foi bem realizado, mas no fogo seguinte ele foi danificado.

Para maciços fraturados, é conveniente que o desmonte tenha sua frente paralela ao desmonte escultural, exigindo, portanto, um pós-fissuramento, como apresentado na Fig. 1.8.

Será permitido executar o pré-fissuramento apenas quando o desmonte principal avançar perpendicularmente à linha de desmonte escultural. Nos demais casos recomenda-se utilizar o pós-fissuramento.

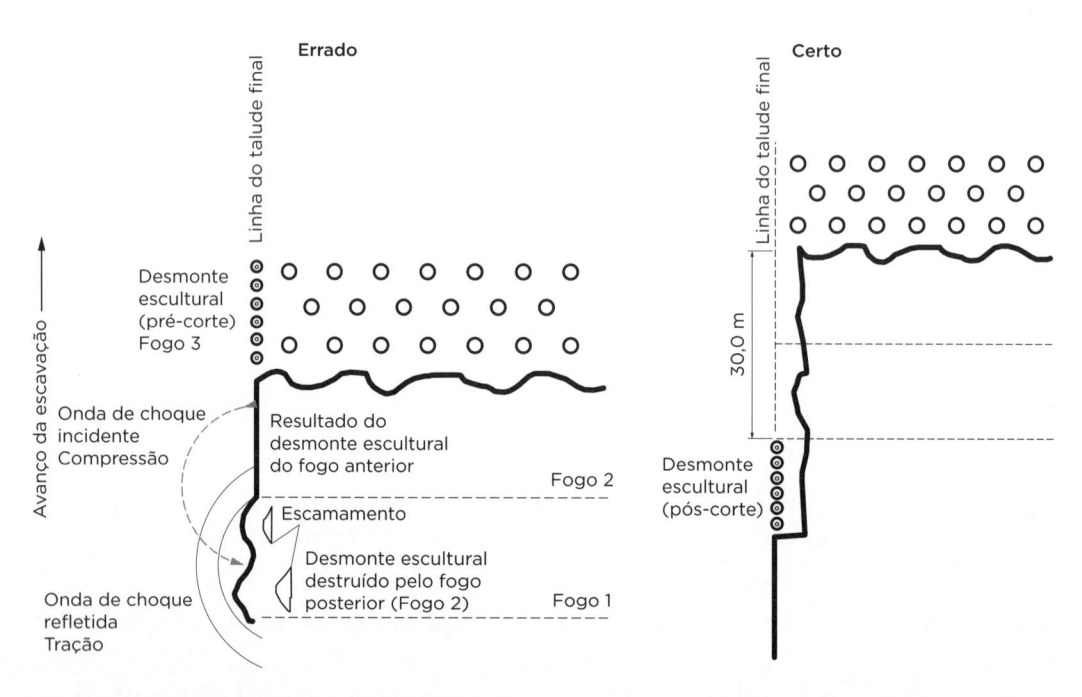

Fig. 1.7 *Esquema errado de execução do fogo escultural. Cada bancada que avança provoca danos na rocha remanescente e na própria*

Fig. 1.8 *Esquema correto de execução do desmonte escultural*

O pós-fissuramento é o método mais adequado aos maciços fraturados. Na Fig. 1.9, os números mostram o sequenciamento dos fogos. No último deles, recomenda-se implantar o *line drilling* no canto vivo, como se verá adiante.

O pré-fissuramento pode trazer problemas ao desmonte principal. Seu engaste ocasiona grande movimentação de rocha, podendo dividir as cargas dentro dos furos antes que elas detonem e, portanto, causando falha do explosivo, como se pode ver na Fig. 1.10.

Outro inconveniente do procedimento adotado de pré-fissuramento é a adoção do churrasquinho, que pode criar danos de grande relevância devido aos gases da carga explosiva, se comparado com a técnica que utiliza cordel detonante.

Devem-se adotar as seguintes medidas, cuidadosamente, para obter os melhores resultados do desmonte de contorno:

- marcação correta dos furos;
- emboque com mínimo erro possível;

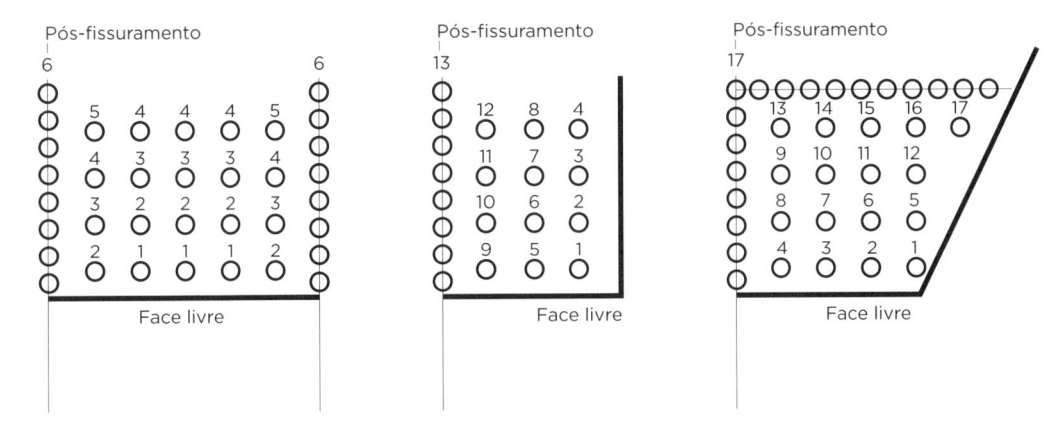

Fig. 1.9 *Esquema de execução do pós-fissuramento em três escavações com geometrias diferentes. Os números indicam a sequência de retardos crescentes*

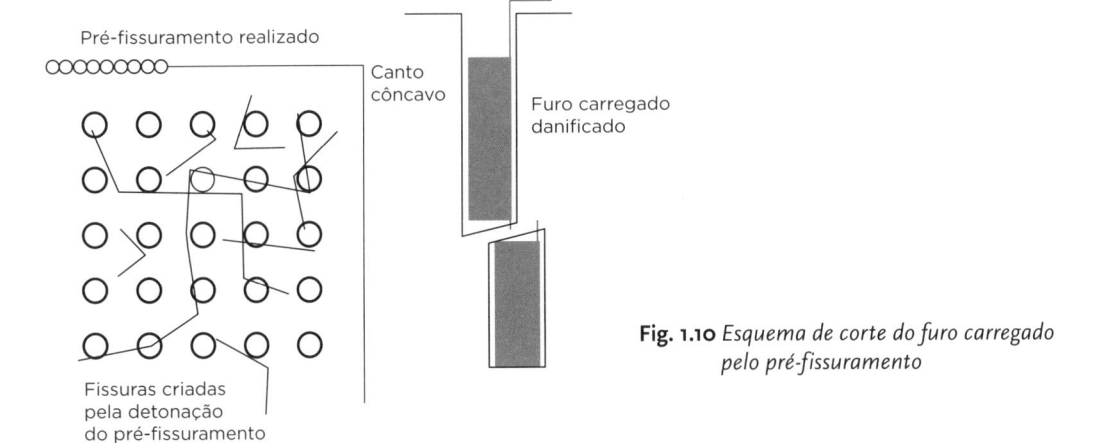

Fig. 1.10 *Esquema de corte do furo carregado pelo pré-fissuramento*

- alinhamento preciso;
- evitar desvios durante a perfuração, adotando-se:
  - bit retrátil, projetado para manter a perfuração bem alinhada;
  - haste-guia (para bancadas maiores do que 15 m de altura);
  - meia velocidade de perfuração.
- tamponamento adequado, com material granular e comprimento bem dimensionado, se os desmontes de contorno tiverem cordel detonante.

Será obrigatório adotar a perfuração linear (*line drilling*) onde existirem cantos vivos, côncavos ou convexos, conforme a Fig. 1.11.

Recomenda-se realizar essa perfuração ao longo de 2 m, a cada lado do vértice. Em muitos tipos de rocha, será importante adotar pequena carga de base.

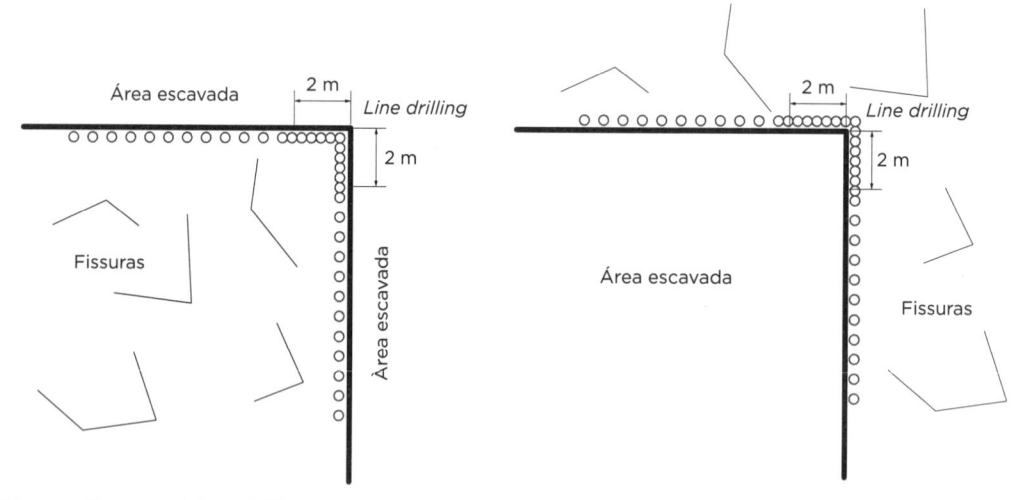

Fig. 1.11 *Esquema de* line drilling *nos cantos*

1.3 Recomendações práticas

1.3.1 Escavações a céu aberto

A Fig. 1.12 exibe, em planta, as diversas zonas de desmonte a céu aberto: zona de miolo da escavação, zona de aproximação e zona de contorno (zona de desmonte escultural). Estão ainda assinaladas nessa figura as regiões de perfuração linear nos cantos da escavação.

Chama-se desmonte de miolo aquele realizado com grandes diâmetros de perfuração, desde que não provoquem danos irreversíveis na rocha remanescente. Como se pode observar, entre os fogos de miolo e o desmonte escultural existe uma área denominada zona de aproximação.

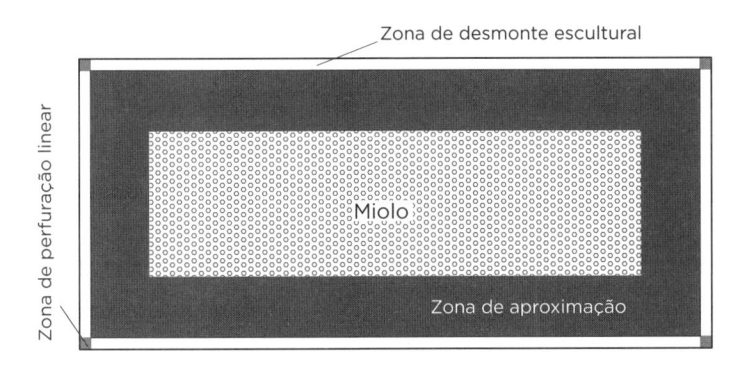

Fig. 1.12 *Zonas de escavação*

Os furos de miolo podem avançar até determinada distância do limite de escavação em razão dos danos que podem causar. Daí para a frente, os furos de desmonte podem levar certa quantidade de explosivo que permita, empregando uma malha menor, desmontar e fragmentar adequadamente.

Os fogos de miolo e de aproximação podem causar zonas de danos até grandes distâncias, inclusive se propagando para o maciço remanescente que se quer preservar. Recomenda-se fortemente que se calcule a zona de danos para poder efetivamente dimensionar os planos de fogo a utilizar no miolo e na zona de aproximação, visando não causar danos à rocha remanescente.

Para medir a eficiência dos desmontes esculturais, é usual verificar o fator meia-cana, válido para maciços pouco fraturados (Fig. 1.13). Para maciços fraturados e alterados, esse fator não tem o mesmo significado, já que as meias-canas podem não aparecer no maciço remanescente. O fator meia-cana é a soma do comprimento total de canas visíveis depois da detonação, expressa como percentual do comprimento total de furos antes da detonação. Essa medida é inversamente proporcional ao dano causado pela detonação. Quanto maior é o fator meia-cana, menor é o dano causado no maciço remanescente.

Caso se chegue a um valor do fator meia-cana igual a 50%, o espaçamento escolhido entre furos estará aprovado. Se for menor, será necessário perfurar entre os furos já perfurados, optando-se por carregá-los ou deixá-los vazios.

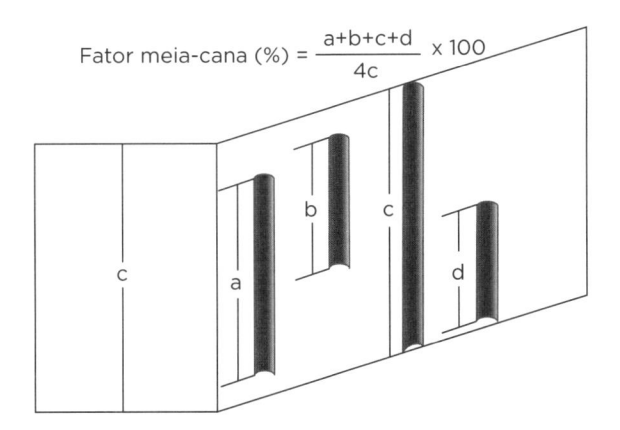

$$\text{Fator meia-cana (\%)} = \frac{a+b+c+d}{4c} \times 100$$

Fig. 1.13 *Meias-canas em maciços de boa qualidade*

Inúmeras são as formas de desmonte que podem causar sérios problemas de engaste. Na Fig. 1.14 mostram-se algumas delas.

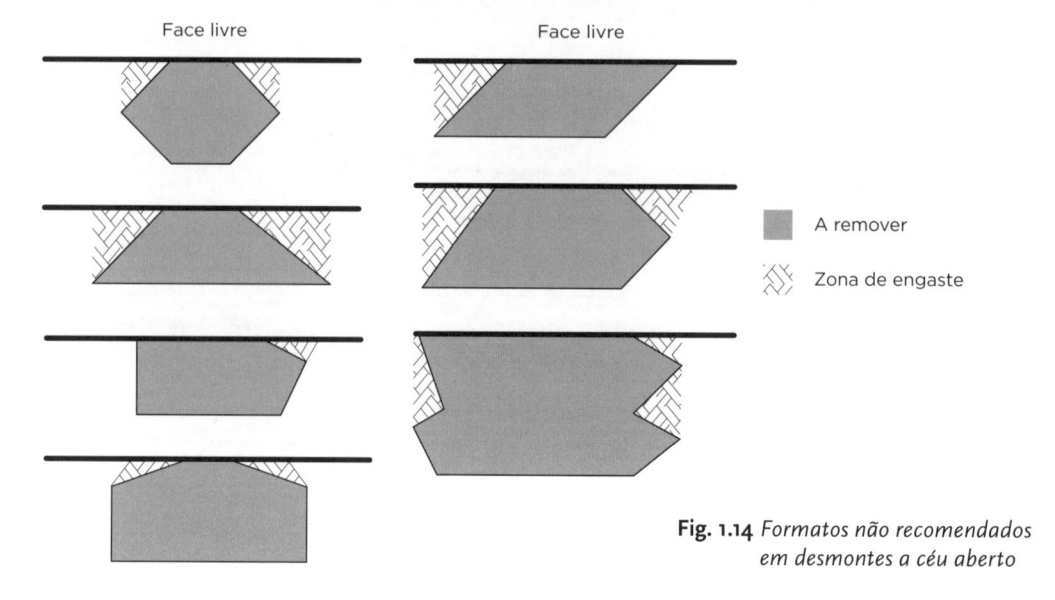

Fig. 1.14 *Formatos não recomendados em desmontes a céu aberto*

Para corrigir os potenciais problemas de engaste, recomenda-se o sequenciamento do fogo (Fig. 1.15).

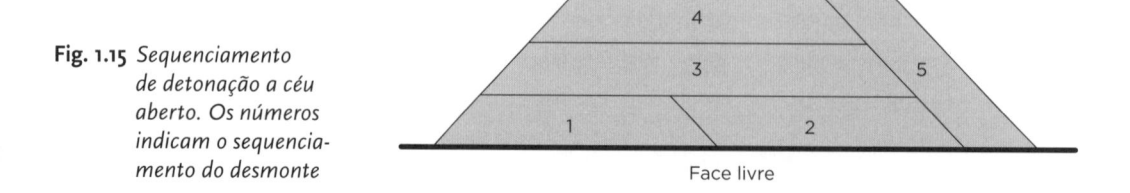

Fig. 1.15 *Sequenciamento de detonação a céu aberto. Os números indicam o sequenciamento do desmonte*

O engaste representa maior grau de dificuldade para o arranque, o que se traduz em maiores níveis de vibração e consequentemente de danos.

A Fig. 1.16 indica os fatores que provocam seu aumento. Por sua vez, entre os fatores que causam o engaste, pode-se citar:

- *Número de faces livres presentes*: em desmontes a céu aberto, a detonação atrás de material desmontado ou de grande repé é outra forma de reduzir o número de faces livres presentes e provocar sérios danos. Apesar de indesejáveis, diferentes afastamentos estarão presentes no topo e na base da bancada, prejudicando o desempenho do fogo. Isso pode provocar um resultado do tipo efeito cratera, onde há confinamento do fogo. A face quebradiça (*backshatter*) e o piso quebradiço (*bottomshatter*), combinados com ultrarranque (*backbreak*) e repé (*toe*), podem causar ultralançamento, inadequada fragmentação e altos

Fig. 1.16 *Fatores para o aumento do engaste*

níveis de vibração e impacto de ar. Nesse caso, a configuração dos resultados é similar àquela mostrada na Fig. 1.17. Nunca se deve detonar um fogo antes de limpar o pé da bancada.

- *Afastamento*: quanto maior for o afastamento entre furos, maior será o engaste e os danos causados, tanto em detonações a céu aberto como em escavações subterrâneas.

Fig. 1.17 *Ultrarranque entre resultados indesejados provocados pelas condições da bancada*

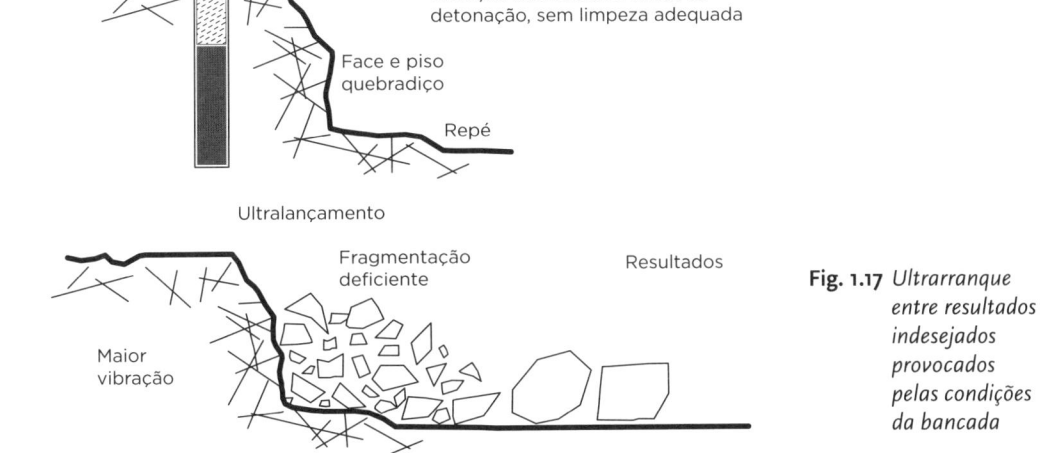

- 💣 *Retardamento do fogo*: a detonação instantânea de uma área é promotora de engaste, e, se essa área é estreita, a situação é mais grave. Pode-se citar como exemplos detonações de rebaixo de túneis, em que se conta apenas com uma face livre e o corte em caixão, onde há apenas duas faces livres (Fig. 1.18).

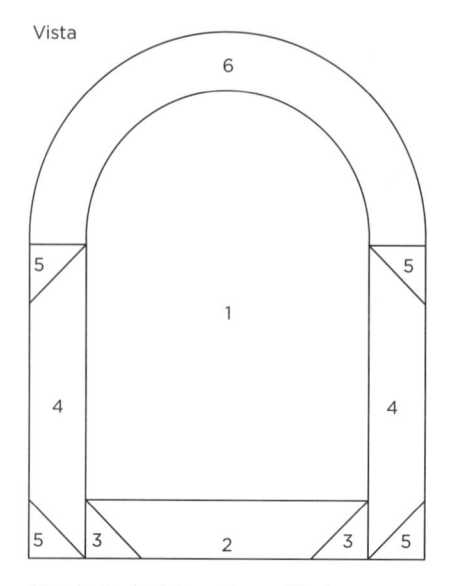

Sequência de detonação em túnel

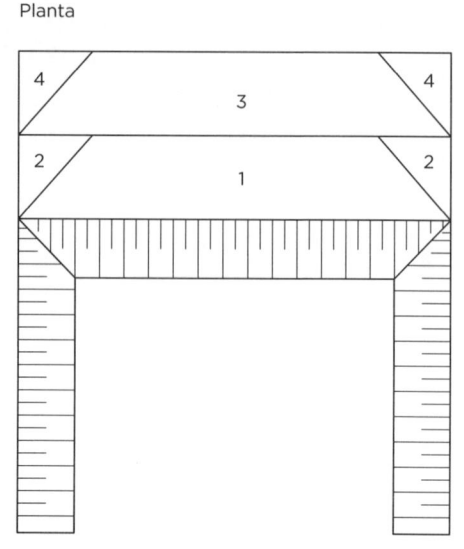

Sequência de detonação em caixa, facilitando a fragmentação para a face livre e evitando o engaste

Fig. 1.18 *Retardamento do fogo para obter uma detonação bem-sucedida*

- 💣 *Sequência de iniciação*: furos detonados em sequência errada promovem o engaste. Um furo cuja detonação falhe pode ocasionar repé, ultralançamento, ultrarranque e muita vibração (Fig. 1.19).
- 💣 *Forma das fatias retiradas no fogo*: na maioria das vezes, retiram-se fatias em um fogo, deixando uma das faces perpendicular à outra. Em geral, deixam-se cantos convexos com 90° ou um pouco mais e muitas vezes se avança com apenas uma face livre. Essa prática resulta em maior ultrarranque lateral e consequentemente maior produção de blocos (Fig. 1.20). Recomenda-se adotar fatias com ângulos mínimos de 120°. Essa é a prática obrigatória em rochas de difícil fragmentação, pois evita a produção de cantos convexos de 90°. De preferência, deve-se detonar com duas faces livres. Tendo em vista que o canto preso apresenta no mínimo 120°, o rendimento na limpeza é notável.

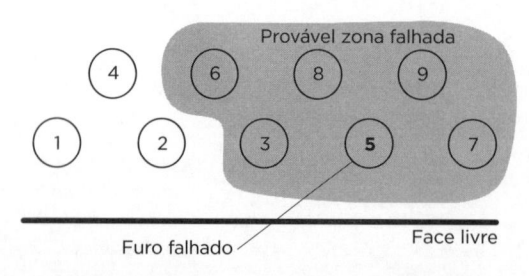

Fig. 1.19 *Furo falhado provoca uma zona falhada de detonação*

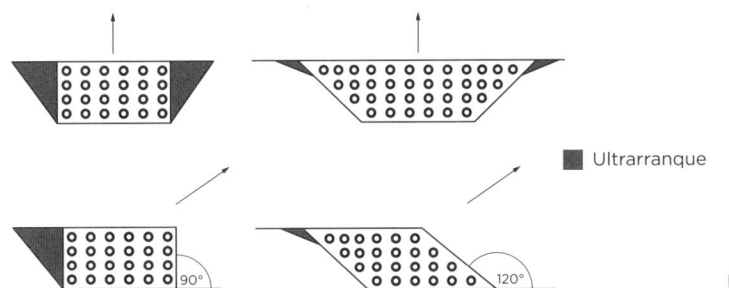

Fig. 1.20 *Fatias com ultrarranque*

- *Subperfuração*: aliada a determinadas condições de rocha, a subperfuração pode criar enorme ultrarranque ou infrarranque.

  Não se deve fazer uso de subperfuração excessiva. A quantidade de explosivos que detona abaixo do nível da bancada é o maior responsável pelos níveis de vibração. Muitas vezes, faz-se uso de excessiva subperfuração tentando-se compensar a baixa razão de carregamento.

  No limite final do talude, não se deve adotar subperfuração para não causar sérios problemas de instabilidade.

- *Razão de carregamento*: não se deve exagerar na economia de explosivos. A Fig. 1.21 ilustra como o nível de vibração pode ser aumentado com a diminuição da razão de carregamento, expressa em kg de explosivo por t de rocha.

- *Pré-fissuramento*: outra aplicação com razão de carregamento muito baixa é o pré-fissuramento ou pré-corte. Não se deve fazer uso dele para diminuir os níveis de vibração do desmonte. Ele não diminui os níveis de vibração e pode até mesmo causar níveis mais elevados (se todos os furos forem detonados instantaneamente) do que aqueles atingidos na detonação principal. Os níveis de vibração da detonação do pré-fissuramento podem ser minimizados por meio do retardamento de grupos de furos. Estudos recentes mostram que é necessária mais de uma linha de pré-fissuramento para a diminuição dos níveis de vibração da detonação principal.

- *Ângulo de perfuração*: em se tratando de perfuração inclinada, deve-se tomar cuidado para que o afastamento do furo no pé da bancada não fique maior do que o projetado. Isso fica minimizado se não se inclinar muito o furo em bancadas muito altas. Deve-se usar hastes-guias e bits retráteis em bancadas com mais de 7,0 m de altura.

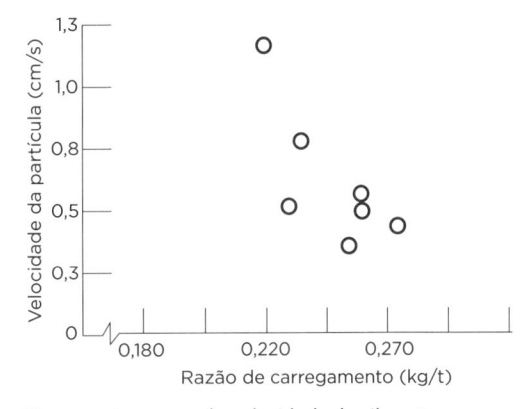

Fig. 1.21 *Aumento da velocidade de vibração com a diminuição da razão de carregamento*

1.3.2 Túneis

Iniciando um fogo em túnel, poço ou galeria, começa-se geralmente com uma face livre. A retirada de uma porção central chamada de pilão garante a criação de mais uma face livre. Essa retirada, por estar muito engastada, vai gerar maiores danos.

- 💣 Pilão: o pilão de furos paralelos é mais utilizado por sua facilidade de execução. Os furos de alívio são executados dentro do pilão para minimizar os efeitos de confinamento, diminuindo assim a velocidade de vibração transmitida, que é a maior do plano de fogo.
- 💣 Furos de contorno
    - Espaçamento dos furos de contorno: não devem ser maiores que 0,9 m para maciços pouco fraturados e 0,7 m para maciços fraturados.
    Quando o maciço é muito fraturado, pode-se executar um furo vazio intermediário.
    - Afastamento dos furos de contorno: deve ser igual a 1,4 vez o espaçamento.
    - Carga do desmonte escultural: deve-se preferir cordel detonante com pequeno cartucho de emulsão na base. A Tab. 1.2 mostra a carga de cordel recomendada para cada diâmetro de perfuração.
    - Variação da razão linear de carregamento: a execução de um túnel é um processo de cominuição. As razões de carregamento são maiores no pilão e decaem em direção ao contorno da escavação. No caso de carregamento pneumático de emulsão no miolo, os furos vizinhos ao contorno devem ser carregados com explosivo encartuchado, de preferência com zona de dano que não ultrapasse a zona de dano do contorno final.
    - Furos dos cantos da sapateira: os furos dos cantos da sapateira (base) de túneis são os mais confinados do contorno. Devido ao desvio do furo do canto, o furo vizinho ao canto deve ter espaçamento não maior do que a metade do espaçamento nos outros furos.

Tab. 1.2 Carga de cordel recomendada

Diâmetro (mm)	36	45	64
Cordel (g/m)	20	40	80

Efeitos danosos da detonação com explosivos 2

Utilizar explosivos nas escavações em rocha é importante, pois a economia em prazos e custos é significativa em relação aos demais métodos de escavação.

Em relação aos desmontes a céu aberto, a opção a frio, que não apresenta os efeitos danosos dos explosivos sobre a estrutura e o meio ambiente, em geral é muito cara e de difícil execução, demandando tempo longo.

Em relação às obras subterrâneas, sabe-se que, mesmo que se utilizem máquinas tipo *tunnel boring machines* (TBM) (Fig. 2.1), conhecidas popularmente por *tatuzão*, deve-se executar um trecho do túnel com *New Austrian Tunnelling Method* (NATM) (Fig. 2.2) nos emboques a fim de preparar o terreno para a entrada da máquina TBM. O NATM é o método de escavação de túneis que aplica tratamentos antes que o maciço relaxe totalmente, aproveitando a resistência do maciço na sua sustentação.

Na escavação de túneis, nas condições geológicas tropicais, a opção pelo método NATM de escavação em solo até rocha alterada mole, associada ao *drill and blast* (D&B) (ou método mineiro) quando em rocha, é preferível principalmente devido à flexibilidade do processo, que pode ser utilizado em diversas classes de qualidade de maciços.

Hoje isso se reveste de importância fundamental para o meio ambiente, pois é possível executar os emboques causando o mínimo de dano possível à encosta, entrando com o túnel em região de escavação mínima, utilizando pré-tratamentos nos trechos de maciços de qualidade ruim.

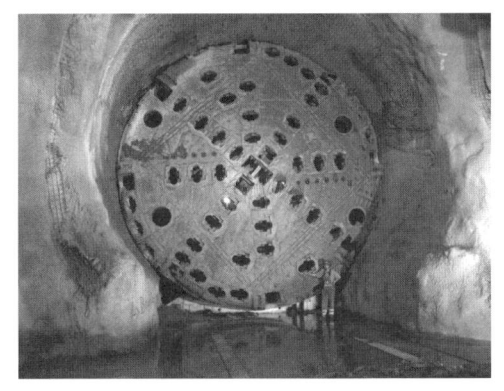

Fig. 2.1 *Máquina do tipo* tunnel boring machine *(TBM)*

Fig. 2.2 New Austrian Tunnelling Method *(NATM)*

Mas a utilização de explosivos impõe efeitos danosos que precisam ser evitados ou minimizados. É a isso que se chama desmonte cuidadoso com explosivos, ou seja, aquele que é realizado cuidadosamente, com controle, visando não afetar as estruturas vizinhas e o meio ambiente circundante. O desmonte cuidadoso e controlado é diferente do desmonte dito escultural, que engloba os desmontes de contorno, que visam não danificar a rocha remanescente, incluindo o pré-fissuramento e o pós-fissuramento e o fogo cuidadoso no contorno de obras subterrâneas (*smooth blasting*), além do *line drilling*, método que utiliza perfurações muito próximas, sem explosivos.

Nos fogos de pré-fissuramento, este sai na primeira espera, ou seja, antes do fogo principal. Já nos fogos de pós-fissuramento ou *smooth blasting*, este fogo de contorno sai no último retardo ou espera, após sair o fogo principal. Os fogos de pré-fissuramento são recomendados para desmontes a céu aberto em maciços pouco fraturados, enquanto os de pós-fissuramento são indicados para maciços fraturados, devido à ação dos gases da detonação. Os gases penetram nas muitas descontinuidades dos maciços fraturados, causando danos. Por isso se deve preferir o pós-fissuramento, em que a face está livre, ao pré-fissuramento, que está mais confinado.

Além disso, o contorno das escavações pode ser executado pelo churrasquinho ou cordel detonante. Dá-se o nome de "churrasquinho" pois as cargas são espaçadas, visando diminuir sua distribuição linear, e fixadas numa ripa de madeira ou bambu antes de serem colocadas no furo.

O cordel detonante, devido a sua alta velocidade (7.000 m/s), tem a vantagem de não ter a fase de gases da detonação, ou seja, só possui a fase dinâmica, mas necessita de um cartucho de explosivo no fundo para aliviar o engaste.

Esses tipos de fogos, ditos esculturais, visam executar o contorno das escavações com o menor dano possível à rocha remanescente. Associam-se a uma redução dos explosivos nas linhas próximas, conhecidas como zona de aproximação, visando minimizar os danos.

A seguir, serão expostos os principais efeitos deletérios da utilização de explosivos em escavações a céu aberto, subterrâneas e subaquáticas. Em uma detonação, podem-se ter um ou mais dos seguintes fenômenos: poeira, ultralançamento, vibração, danos na rocha, impacto de ar e pressão hidrodinâmica.

2.1 Poeira e gases da detonação

A detonação de um explosivo é uma reação muito rápida entre o combustível e o oxidante, produzindo, em uma situação ideal, bióxido de carbono, vapor de água e nitrogênio. Contudo, em reações reais, além dos gases, são produzidos produtos designados como fumaças, tais como monóxido de carbono e óxidos de nitrogênio, que a céu aberto são usualmente dispersados pelo vento e por correntes de ar num curto espaço de tempo, não chegando a prejudicar animais e humanos. O balanço de oxigênio de uma mistura NCN (nitrocarbonitrato), sendo um pouco positiva, gera predominantemente óxidos de nitrogênio de cor amarelo-avermelhada que chamam a atenção do público não afeito ao problema. A umidade nos furos e o uso de revestimentos de PVC são também provocadores dessa coloração.

Por ser esporádica, a detonação não é uma fonte significante de poluição do ar. Outras operações da obra produzem mais poeira. Contudo, devem ser tomadas providências para minimizá-la. Grandes operações de lavra a céu aberto em minerações têm seus procedimentos para diminuir o efeito dos gases e poeiras sobre o meio. Obras subterrâneas utilizam meios para o controle da qualidade do ar nas frentes de detonação, e há legislação brasileira e internacional que regula o tema.

2.2 Ventilação em túneis

Deve ser previsto um sistema de ventilação com instalações fixas ou equipamento móvel, desde que garanta uma velocidade de escoamento do ar de, no mínimo, 0,5 m/s na frente da escavação (atmosfera geral) e uma concentração de oxigênio dentro do túnel igual ou superior a 20%.

As concentrações de poeira e gases tóxicos não devem exceder os seguintes limites na atmosfera geral do túnel:
- *poeira, próximo à cabeceira do túnel*: 4 mg/m³;
- *monóxido de carbono*: 50 ppm (0,0050%);
- *dióxido de nitrogênio*: 5 ppm (0,0005%);
- *sulfeto de hidrogênio*: 10 ppm (0,0010%);
- *metano*: 1%;
- *outros gases inflamáveis*:
  - *na atmosfera geral do túnel*: 20%;
  - *durante a explosão na frente de ataque*: 40%.

    Deve ser realizada periodicamente a monitoração da qualidade do ar no interior dos túneis com instrumentos e aparelhagem de teste, a fim de determinar a concentração de poeira e de gases tóxicos e inflamáveis.

2.3 Danos ao maciço remanescente

Perfuração e detonação são sistemas utilizados em minas e em engenharia civil pela sua simplicidade, economia e adaptabilidade às diferentes situações que ocorrem.

Detonação é um processo inerentemente destrutivo que, além de desmontar o maciço, resulta em danos à rocha remanescente vizinha, que se traduzem em futuros problemas de estabilidade, produção de blocos, diluição e problemas relacionados a construções e equipamentos nas vizinhanças. Distúrbios da massa rochosa, formação de trincas e deslocamento de blocos podem ocorrer. Os danos à rocha por detonação podem tomar a forma de fissuras jovens, quando a resistência da matriz rochosa é ultrapassada.

Isso afeta o número de descontinuidades na parede final da escavação, reduzindo, portanto, a qualidade do maciço rochoso. Também promove a produção de blocos na detonação seguinte, queda de material potencialmente solto e até mesmo desmoronamentos. Uma detonação de grande porte pode ser suficiente para causar o colapso completo em uma abertura subterrânea da escavação ou o escorregamento de um grande bloco em uma mina a céu aberto.

2.3.1 Exemplos de danos à rocha

Pode acontecer de o maciço rochoso ser permanentemente perturbado devido à ruptura, ao lançamento e ao deslocamento dos gases. A detonação também promove a produção de blocos na detonação seguinte, queda de material parcialmente solto e até mesmo desmoronamentos das zonas de danos, classificadas como zona de ultrarranque 1, conhecida como *overbreak*, e zona de ultrarranque 2 ou de perturbação, ou seja, até onde o maciço é abalado pelas detonações, causando a abertura de fraturas preexistentes (Fig. 2.3).

No desmonte subterrâneo, pode-se observar queda de rocha por escamamento, visível a olho nu (tração por efeito da velocidade da partícula), quando há detonações a céu aberto acima de aberturas subterrâneas, como mostra a Fig. 2.4.

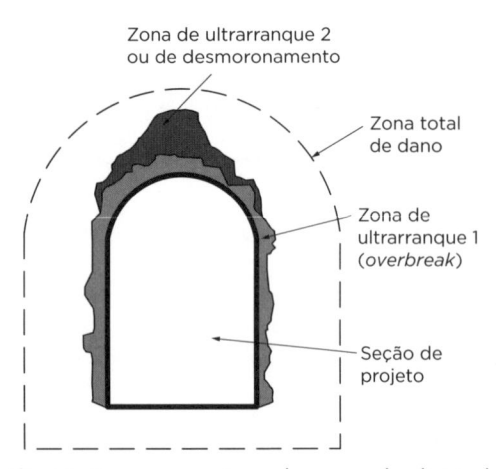

Fig. 2.3 *Danos ao maciço rochoso ao redor do túnel*

Em emboques de túneis, onde o avanço e/ou a carga por espera são muito altos e onde a superfície natural está muito próxima da abertura, corre-se o risco de desabamentos.

O escamamento na parede de emboque também é fruto de grandes avanços e/ou cargas por espera exageradas. Os danos podem se fazer sentir em todas as faces livres a céu aberto em forma de escamamento da rocha e/ou lançamento de blocos soltos (Fig. 2.5). Portanto, não se deve adotar

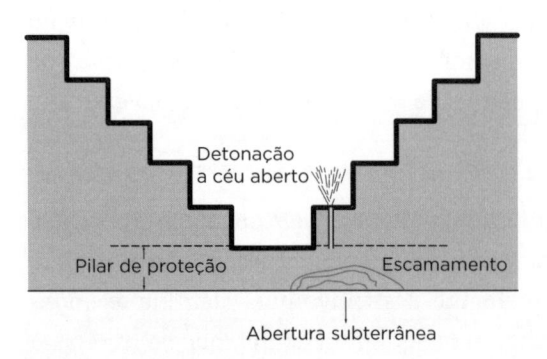

Fig. 2.4 *Desmonte subterrâneo*

avanços muito grandes nos emboques de túneis. Outra situação comum de dano ocorre quando há o encontro de duas aberturas subterrâneas. Esse caso é mostrado em planta na Fig. 2.6.

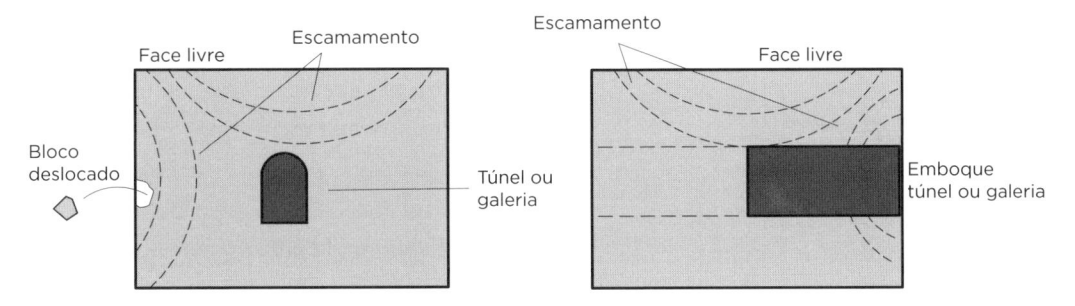

Fig. 2.5 *Escamamento de rocha provocado pelas detonações*

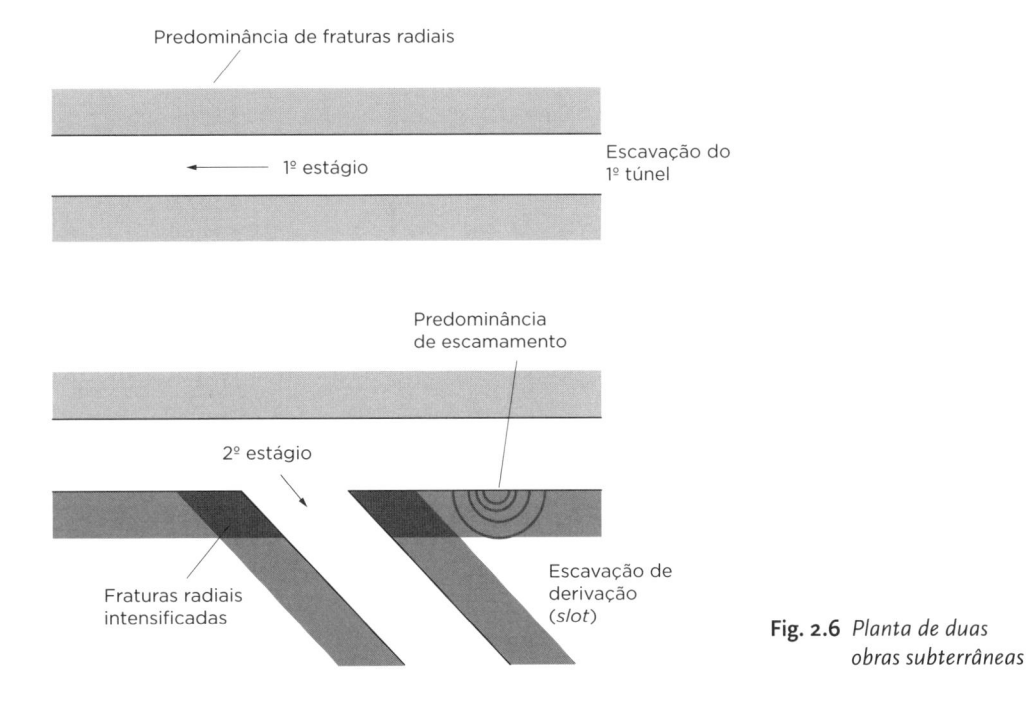

Fig. 2.6 *Planta de duas obras subterrâneas*

Recomendações

- 🝢 Em confluências de galerias e túneis, não adotar grandes avanços.
- 🝢 Em emboques e confluências, não adotar cargas elevadas por espera.
- 🝢 Em emboques e confluências, adotar desmonte escultural com cordel detonante (um ramo de cordel de 40 g/m em furos de 45 mm de diâmetro – pequena carga no fundo com cerca de 20 cm de comprimento) e reduzir as cargas por espera na zona de aproximação.
- 🝢 Em emboques e desemboques de *slots*, adotar pequenos avanços e/ou pequenas cargas por espera (Fig. 2.7).

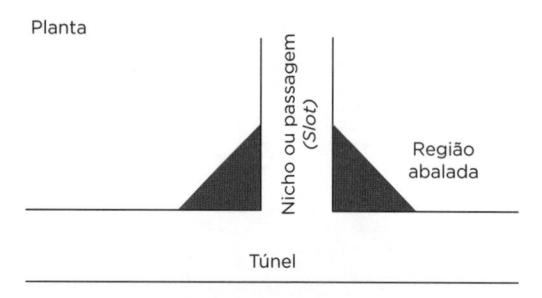

Fig. 2.7 Slot *realizado para formar um nicho ou uma passagem a partir de um túnel*

Conduzindo-se um túnel paralelamente a outro, é preciso tomar muito cuidado para evitar o escamamento no túnel vizinho ao detonado (Fig. 2.8).

Deve-se dar preferência a escavar primeiro a abertura menos importante quando a distância entre elas é muito pequena. Assim, preserva-se o túnel principal de ser prejudicado pelo escamamento que seria induzido pela escavação posterior.

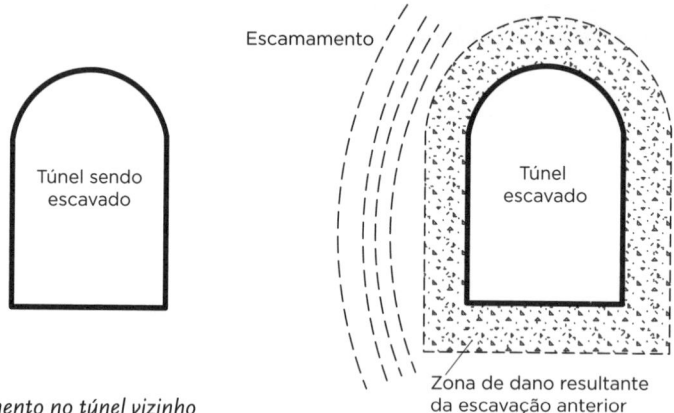

Fig. 2.8 *Escamamento no túnel vizinho*

Na Fig. 2.9 pode-se ver que existem diversas áreas submetidas a grandes danos e que será necessário desmonte escultural cuidadoso para preservar a integridade da rocha.

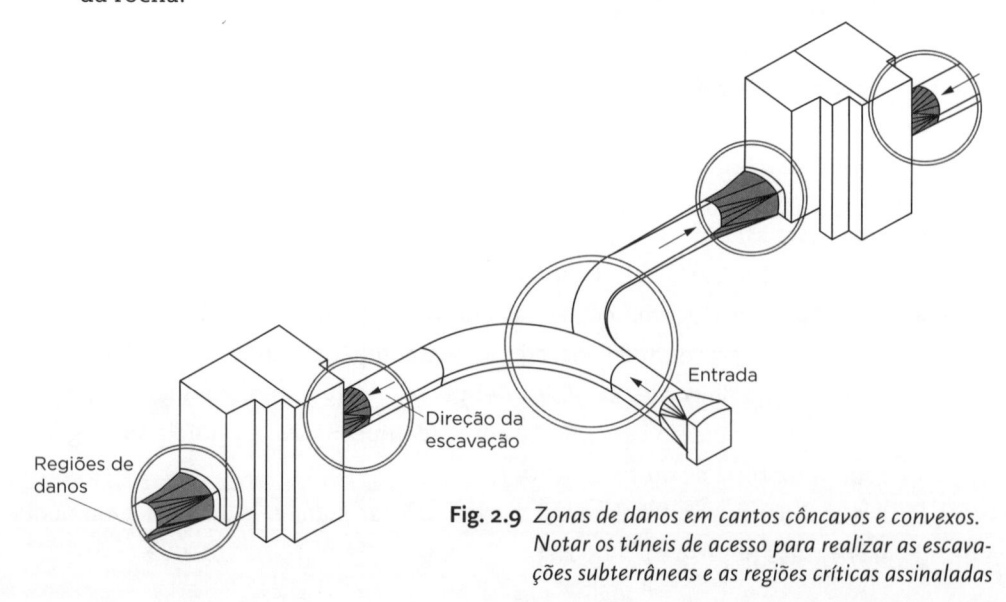

Fig. 2.9 *Zonas de danos em cantos côncavos e convexos. Notar os túneis de acesso para realizar as escavações subterrâneas e as regiões críticas assinaladas*

2 Efeitos danosos da detonação com explosivos | 31

Nos cantos, numa extensão de 1 m do vértice, deve-se conduzir a perfuração linear, ou *line drilling*, técnica em que os furos são espaçados de aproximadamente um diâmetro de furação e em que não se utilizam explosivos.

Na Fig. 2.10 observam-se os danos causados em bancadas de desmontes a céu aberto.

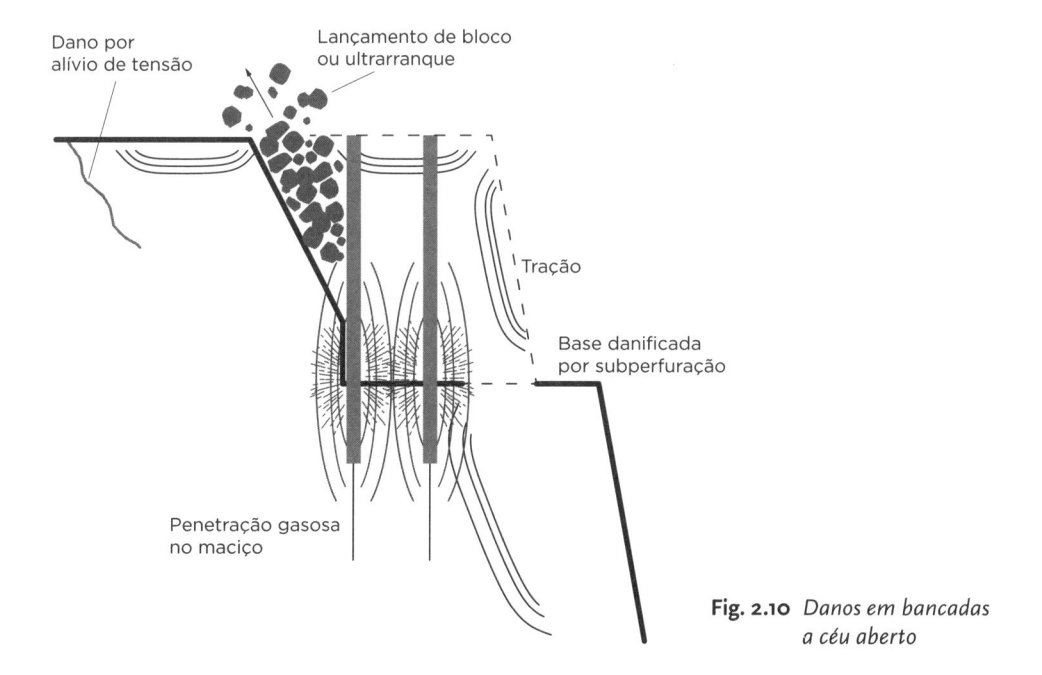

Fig. 2.10 *Danos em bancadas a céu aberto*

Ver que:
- Podem acontecer danos por escamamento devido à superfície topográfica local. As ondas da detonação, ao encontrar uma descontinuidade ou uma superfície livre, voltam sob a forma de ondas de tração, causando danos por escamamento. As superfícies topográficas são descontinuidades.
- Podem ocorrer danos por alívio de tensão na bancada seguinte e na face da atual bancada.
- O tampão mal dimensionado dos furos, de comprimento ou material inadequado, pode provocar lançamento de blocos ou ultrarranque.
- A bancada inferior pode apresentar crista danificada pela subfuração dos furos da bancada anterior.

A Tab. 2.1 ilustra a zona de danos para algumas situações em particular. Tais cálculos foram baseados nas características da rocha e do explosivo e representam os danos, incluindo os mais incipientes. O método adotado foi o de Holmberg (1982), que será apresentado adiante.

Tab. 2.1 Zona de danos em desmontes a céu aberto e subterrâneo

Diâmetro do furo (mm)	Diâmetro da carga (mm)	Comprimento da carga (m)	Razão linear de carregamento (kg/m)	Zona de dano (m)	Observação
A céu aberto					
76	76	10	5,217	14,5	Emulsão bombeada
76	57	10	2,935	10,7	Emulsão encartuchada
64	25	12,5	0,223	2,3	Emulsão encartuchada
64	8	13	0,08	0,9	Contorno cordel/ churrasco
Subterrâneo					
45	45	2,7	1,749	4,4	Emulsão bombeada
45	38	2,7	1,248	3,8	Emulsão encartuchada
45	8	3,2	0,04	0,4	Contorno cordel/ churrasco

Observe-se que a zona de danos em detonações a céu aberto e subterrâneas diminui bastante com o decréscimo da razão linear de carregamento e quando se usa o cordel ou o churrasquinho nos fogos de contorno.

2.4 Ultralançamento

Esse termo é usualmente empregado para expressar a inesperada projeção de fragmentos de rocha a grandes distâncias. Tais fragmentos são também chamados de pombos-correio. É o lançamento que atinge em geral 5 a 10 vezes a distância do lançamento normal e, ocasionalmente, muito mais. Ocorre apenas em pequenas porcentagens e seu alcance não pode ser estimado como no caso do lançamento normal. O ultralançamento não aumenta necessariamente com o acréscimo da carga. Suas causas são bem distintas das que provocam um maior lançamento normal. A principal delas é devida ao fato de os gases encontrarem fendas através da rocha e por elas passarem a altas velocidades, numa forma concentrada e unidirecional, arrastando consigo pequenos fragmentos que são atirados a longas distâncias.

A falta de cuidado durante qualquer uma das fases do trabalho de desmonte, tais como dimensionamento da malha, perfuração, carregamento, escolha dos retardos e ligação, pode criar situações de ultralançamento.

Análises de 11 anos de acidentes nos Estados Unidos (1971-1981) ocorridos em mineração a céu aberto revelam que aconteceram 233 acidentes no desmonte, entre acidentes fatais, não fatais e incidentes. Desse montante, 11 foram acidentes fatais.

O ultralançamento representou 22% de todos os acidentes em desmonte e 18% dos acidentes fatais. De todos os fenômenos ligados ao desmonte e que agem nocivamente em relação ao meio ambiente, ele é o responsável pelo maior número de acidentes fatais.

Mudanças no plano de fogo, na perfuração e/ou no carregamento não devem ser colocadas em prática sem um estudo detalhado dos possíveis efeitos adversos de tal projeto. É importante lembrar que o ultralançamento geralmente pode ser acompanhado de impacto de ar. Todavia, o aumento da razão de carregamento não provoca, por si só, o ultralançamento.

Para o estudo particular de determinada operação, é extremamente útil mapear o ultralançamento em relação à área de detonação, levando-se em conta o peso dos fragmentos ultralançados. Na técnica convencional de desmonte de rochas, como concebida originalmente por Langefors e Kihlstrom (1963) e outros, é comum o espetáculo visual de ultralançamento de fragmentos.

Com o advento das perfuratrizes de grande diâmetro e de explosivos bombeados, ou seja, vertidos diretamente nos furos, principalmente em minerações, tornou-se comum o ultralançamento de pequenos fragmentos. Há ainda o relato de muitos casos de lançamento de grandes fragmentos a grandes distâncias, causando severos acidentes, inclusive fatais. Tal prática certamente não é a forma mais adequada de executar a cominuição (fragmentação) da rocha, pois muita energia é desperdiçada e se provocam grandes danos ao meio ambiente e às instalações.

2.5 Impacto de ar

O impacto de ar tem duração aproximadamente igual à da detonação. É minimizado por adequado tamponamento, por acessório adequado de superfície (SNETC – Nonel, Brinel, Excel etc.) e pela diminuição da carga por espera (diminuição do número de furos por espera, diminuição do diâmetro do explosivo, diminuição do diâmetro de perfuração). Além disso, a escolha do horário de detonação, fora do horário de inversões de temperatura, ajuda no controle do impacto de ar, permitindo sua minimização. Seu alcance é limitado e não representa perigo para seres humanos, fauna e flora no entorno. Porém, é um efeito indesejável produzido pela detonação. Os danos causados pelo impacto de ar e as reclamações que provoca são relacionados com o plano de fogo, as condições do tempo e a sensibilidade humana.

O mecanismo da propagação do impacto de ar consiste na transferência de momento de uma molécula para outra. O efeito do impacto de ar é propagado via uma onda de compressão que viaja na atmosfera similarmente à onda longitudinal P viajando no maciço. Sob determinadas condições atmosféricas e planos de fogo inadequados, o impacto de ar produzido pode viajar longas distâncias.

Essa onda consiste de som audível e concussão ou som pouco audível. Se a pressão acústica é suficientemente alta, ela pode causar danos ao meio.

2.5.1 Velocidade do som no ar

A velocidade do som no ar ao nível do mar e a 0 °C é de 326 m/s. Essa velocidade cresce 1% a cada 5,5 °C de aumento da temperatura do ar. Isso porque as velocidades das moléculas de ar aumentam com a temperatura e, portanto, tornam a passagem da pressão flutuante mais rápida. A inversão de temperatura e a direção e a velocidade dos ventos podem ocasionar sérios problemas de impacto de ar. A velocidade do som pode variar em mais de 20% de uma estação climática para outra.

2.5.2 Pressão acústica

O impacto de ar audível é chamado de barulho, enquanto o impacto de ar a frequências abaixo de 20 Hz e não audível pelos seres humanos é conhecido como concussão. O impacto de ar é medido e reportado como pressão acústica, isto é, pressão acima da pressão atmosférica. Normalmente é fornecido em kg/cm² ou em decibéis. Decibel (dBL) é uma expressão exponencial para a intensidade do som que se aproxima da resposta do ouvido humano.

A relação entre dBL e pressão acústica é dada pela seguinte fórmula:

$$dBL = 20 \log (P/Po) \quad (2.1)$$

em que:

dBL = pressão acústica em dBL;
$\log$ = logaritmo na base 10;
P = pressão acústica em kg/cm²;
Po = pressão de referência = $4,91 \times 10^{-5}$ kg/cm².

A Tab. 2.2 ilustra a equivalência entre kg/cm² e dBL e os limites recomendados.

As Tabs. 2.3 a 2.5 mostram as respostas estruturais e humanas relacionadas com a velocidade do vento, as respostas das vidraças e o impacto de ar de eventos culturais.

Ao comparar alguns eventos culturais com as detonações, chega-se à conclusão de que muitas reclamações são ligadas à emoção por desconhecimento da detonação,

Tab. 2.2 Equivalência entre kg/cm² e dBL e limites recomendados

dBL	kg/cm²	Observação
180	0,21	Dano estrutural
176	0,14	Quebra de reboco
170	0,0665	A maioria das vidraças se quebra
150	0,00665	Algumas vidraças se quebram
140		Osha – máximo para 100 impactos/dia
134		USBM – valor máximo recomendado pela ABNT
128		USBM – valor seguro recomendado pela Cetesb
120		Osha – máximo para 1.000 impactos/dia
90		Osha – máximo para 8 horas
60		Conversa normal

Nota: USBM = *United States Bureau of Mines* e Osha = *Occupational Safety and Health Administration*.

Tab. 2.3 Normas e respostas estruturais e humanas para pressão acústica e pressão equivalente do vento

Vento equivalente (km/h)	dBL	Respostas estruturais e humanas
530	180	Danos estruturais
432	176	Quebra de gesso
216	164	Quebra de vidraças
111	160	
53	140	Osha – máximo para 100 impactos/dia
	134	Máximo USBM – ABNT
26	128	Nível seguro USBM – Cetesb
17	120	Limite da dor para som contínuo
		Osha – máximo para 1.000 impactos/dia
	115	Limite de queixas por emoção – vibração de pratos e janelas
		Osha – Máximo para 15 minutos
5	100	Martelo pneumático
	90	Osha – Máximo para 8 horas
2	80	
1	60	

Tab. 2.4 Respostas das vidraças e limites de pressão acústica (dBL)

Seguro	< 120
Cuidado	120-133
Limite	133

Tab. 2.5 Impacto de ar de eventos

Fenômeno	dBL
Trem	Mínimo 109
Aterrissagem de avião 2 jatos, 90 passageiros	110
Aterrissagem de 737	113
Decolagem de 737	114
HiFi	126

e não a processos decisórios científicos. Para entender o nível de ruído suportado pelas estruturas vizinhas a um aeroporto, supor que um avião aterrisse nesse aeroporto a cada 2 minutos, durante 12 horas por dia e 360 dias por ano. Pode-se comparar esse evento com as operações de detonação de um fogo por dia durante 365 dias por ano. Seriam necessários 360 anos de detonação para igualar o ruído produzido pelo aeroporto em um ano. Em outras palavras: 10 anos de detonação equivalem a 10 dias de operação no aeroporto.

2.5.3 Comparação de alguns ruídos

É interessante comparar alguns níveis de ruído com os obtidos em detonações. Para tal, fornece-se a lista da Tab. 2.6, cujos valores dependem da potência do equipamento.

O Quadro 2.1 mostra a importância dos diversos fatores do plano de fogo que influenciam o impacto de ar.

Tab. 2.6 Relação de equipamentos com seus respectivos ruídos (dBL)

Equipamento	Distância (m) entre fonte do ruído e captação	Ruído (dBL)
Pá carregadeira a diesel	7	85-100
Pá carregadeira elétrica	7	75-90
Escavadeira	7	80-95
Trator	7	85-100
Caminhão basculante	7	80-95
Perfuratriz de percussão	1	105
Perfuratriz de percussão	7	85
Carregamento de caminhão por pá carregadeira elétrica	20	78
Britador de mandíbulas	2	94-110
Britador giratório	1	95-110
Britador de martelos	5	80-95
Moinho de barras carregado	10	75-95
Moinho de barras vazio	10	80-98
Peneira	1	95-100

Quadro 2.1 Fatores controladores do impacto de ar

Variáveis que controlam a operação	Significante	Moderada	Pequena
Carga máxima por espera	X		
Retardo	X		
Afastamento e espaçamento	X		
Tampão (dimensão)	X		
Tampão (tipo)	X		
Comprimento da carga e diâmetro	X		
Ângulo do furo	X		
Direção da iniciação	X		
Carga total do fogo			X
Cordel coberto ou não	X		
Confinamento da carga	X		
Variáveis fora de controle da operação	**Significante**	**Moderada**	**Pequena**
Superfície do terreno		X	
Tipo e profundidade do capeamento	X		
Vento e condições do tempo	X		

2.6 Velocidades de vibração

A detonação induz a propagação temporária de vibrações no entorno, de duração um pouco maior do que a da detonação. A vibração é minimizada por adequado tamponamento, intervalo de retardo e diminuição da carga por espera, esta entendida como a carga entre retardos cujos efeitos não se somam. Pode ser obtida por diminuição dos furos detonados por espera, do diâmetro de perfuração e do diâmetro do explosivo.

2.6.1 Ondas sísmicas

São ondas que viajam através dos maciços. Representam a transmissão de energia pela parte sólida da Terra. Outros tipos de onda que transmitem energia são as ondas sonoras, as ondas de luz e as ondas de rádio. Terremotos geram ondas sísmicas, e a ciência que os estuda se chama Sismologia. O nome é derivado da palavra grega *seismos*, que significa "sacudir". Em adição às ondas sísmicas geradas naturalmente, existem muitas fontes de ondas sísmicas geradas pelo homem. Quando as ondas sísmicas geradas pelo homem são sensíveis, ou seja, podem ser sentidas, são chamadas de *vibração*. Atividades como detonação e bate-estacas podem gerar ondas sísmicas que podem ser sentidas e são conhecidas como vibração.

O que causa a onda sísmica?

As ondas sísmicas são ondas elásticas. Elasticidade é a propriedade da matéria que faz com que o material volte a sua forma e dimensões originais ao cessar o esforço sob o qual ele foi deformado. As rochas são muito elásticas e assim produzem fortes ondas sísmicas quando deformadas. A deformação ocorre de duas formas: uma mudança em volume devida à compressão e uma mudança de forma devida ao cisalhamento.

Os materiais resistem mais ou menos a essa deformação com uma resistência proporcional a uma grandeza conhecida como módulo de elasticidade. Se a deformação é cisalhante, a resistência é interpolada pelo módulo de rigidez ou módulo de cisalhamento. Se a deformação é de compressão, a resistência é interpolada pelo módulo de compressibilidade.

Operações como detonações sempre produzirão vibrações ou ondas sísmicas. A razão para isso é muito simples: o objetivo de uma detonação é fraturar a rocha, o que requer uma quantidade de energia suficientemente alta para exceder sua resistência ou seu limite de elasticidade. Quando isso ocorre, a rocha é submetida a uma cominuição. O processo de fraturamento continua até que a energia atinja valores menores do que a resistência do maciço. Nesse momento, o processo de cominuição termina. A energia remanescente atravessa a rocha, deformando-a sem fraturar. Isso resulta na geração de ondas sísmicas.

Os parâmetros de vibração são quantidades físicas usadas para descrever a vibração: amplitude, velocidade, aceleração e frequência. O sismógrafo ou geofone mede três componentes mutuamente perpendiculares da movimentação da massa rochosa: componentes vertical, longitudinal e transversal.

Sismograma

O sismograma mostra três linhas ou traços de vibração, uma para cada uma das três componentes nas direções longitudinal L, transversal T e vertical V (Fig. 2.11).

Geralmente o geofone dispõe de um quarto traço para captar o impacto de ar. A amplitude máxima de cada traço é medida para determinar o nível máximo de vibração. A frequência de vibração em ciclos por segundo é também medida pelo geofone.

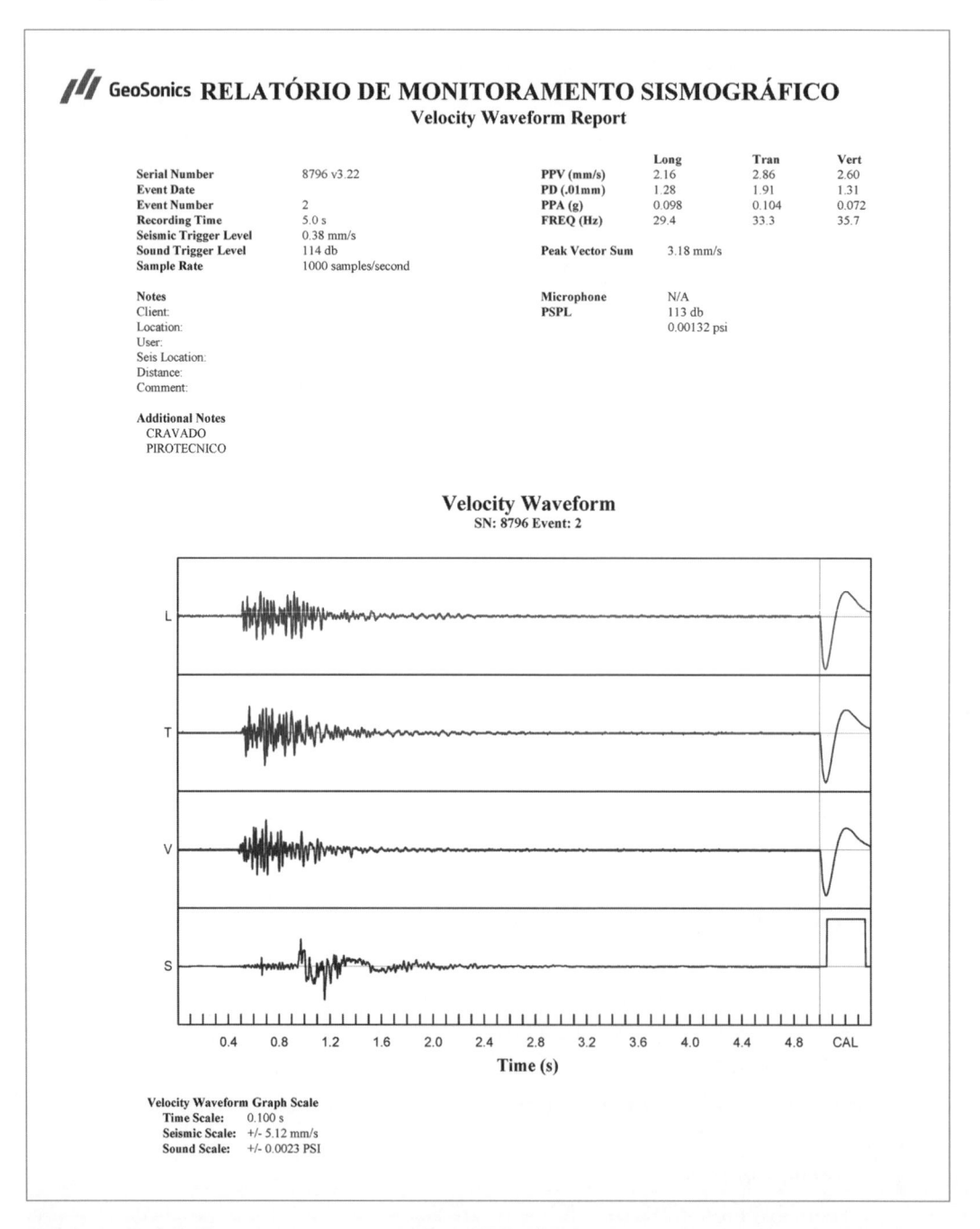

GeoSonics RELATÓRIO DE MONITORAMENTO SISMOGRÁFICO
Velocity Waveform Report

			Long	Tran	Vert
Serial Number	8796 v3.22	PPV (mm/s)	2.16	2.86	2.60
Event Date		PD (.01mm)	1.28	1.91	1.31
Event Number	2	PPA (g)	0.098	0.104	0.072
Recording Time	5.0 s	FREQ (Hz)	29.4	33.3	35.7
Seismic Trigger Level	0.38 mm/s				
Sound Trigger Level	114 db	Peak Vector Sum	3.18 mm/s		
Sample Rate	1000 samples/second				
Notes		Microphone	N/A		
Client:		PSPL	113 db		
Location:			0.00132 psi		
User:					
Seis Location:					
Distance:					
Comment:					

Additional Notes
CRAVADO
PIROTECNICO

Velocity Waveform
SN: 8796 Event: 2

Velocity Waveform Graph Scale
Time Scale: 0.100 s
Seismic Scale: +/- 5.12 mm/s
Sound Scale: +/- 0.0023 PSI

Fig. 2.11 *Onda de vibração e impacto de ar captados pelo geofone*
Fonte: *cortesia da Technoblast.*

Como se pode ver na Fig. 2.11, a oscilação gerada pela onda superimposta pela detonação pode ser associada a um movimento harmônico simples caracterizado por uma amplitude máxima A e uma frequência F, como segue:

$$x = A \, \text{sen} \, (2 \, \pi \, F \, t) \qquad (2.2)$$

em que x é o deslocamento, e t, o tempo decorrido.

A velocidade de partícula, internacionalmente reconhecida como um critério de dano, é calculada por seu valor máximo:

$$V_{máx} = 2 \, \pi \, F \, A \qquad (2.3)$$

A frequência F é o inverso do período N, que corresponde ao tempo decorrido entre duas oscilações completas.

A frequência do movimento da onda superimposta pela detonação varia muito. Ela é quase infinita junto ao furo e vai se atenuando com a distância e com os diversos maciços geológicos atravessados. Por exemplo, pode ser da ordem de 100 Hz a 200 Hz para maciços rochosos, caindo para 30 Hz a 50 Hz a 200 m, 300 m da detonação.

Mas o mais característico é quando passa por rocha alterada, saprolito e solos, podendo atingir 30 Hz, 20 Hz ou menos de 10 Hz e causar ressonâncias construtivas com as estruturas.

Como exemplo, citam-se detonações executadas para a passagem do Metrô Rio-Barra a 15 m das edificações da favela da Rocinha, no Rio de Janeiro. Por se tratar de edificações de baixa qualidade, foi necessário limitar as velocidades de vibração e atentar às frequências do movimento. Avanços dos túneis, que chegaram a 4 m, foram reduzidos para 1,2 m, e foi utilizada a linha silenciosa (SNETC).

Já a passagem sob o Alto Leblon, também no Rio de Janeiro, foi executada com grandes avanços, pois a elevada qualidade das edificações permitia. Aliás, a execução do acesso do metrô na Lagoa Rodrigo de Freitas com espoletas eletrônicas, que permitem um grande controle das frequências, a menos de 10 m de um prédio de boa qualidade, foi completada de maneira segura e sem grandes transtornos ao meio ambiente.

O tempo de passagem da vibração superimposta pelo desmonte, aqui denominado trem de onda, não pode ser muito grande, pois a possibilidade de ressonância construtiva aumenta bastante. Recomenda-se que seja de 2 a 3 segundos, no máximo 5 segundos. Não se recomenda alongar muito o tempo do trem de onda, que pode chegar a 30 segundos, pois isso faz com que as edificações ou a encosta vibrem durante muito tempo, algo não recomendável, pois causa desconforto.

Para mais informações, sugere-se a leitura do livro de Geraldi (2011) ou da dissertação de mestrado de Silva (2012).

Os principais fatores que determinam o nível de vibração são a distância e a carga máxima por espera. Fórmulas foram desenvolvidas para mostrar a relação entre nível de vibração, distância e peso da carga explosiva, sendo chamadas de leis de propagação da velocidade da partícula. Uma das equações mais usadas é a de Devine:

$$V_p = K \left(D/Q^{0,5} \right)^n \qquad (2.4)$$

em que:

K = interseção da reta com a ordenada de níveis de vibração para distância escalada igual a 1;
D = distância do geofone à detonação;
Q = carga máxima por espera;
0,5 = expoente da carga;
n = inclinação da reta de propagação;
$D/Q^{0,5}$ = distância escalada.

Em geral, adota-se, além da média, a equação de energia máxima no intervalo de confiança de 95%, segundo Dowding (1996). Na Fig. 2.12, a linha tracejada representa a reta de máxima energia para 95% de confiança, e a linha contínua, a equação média.

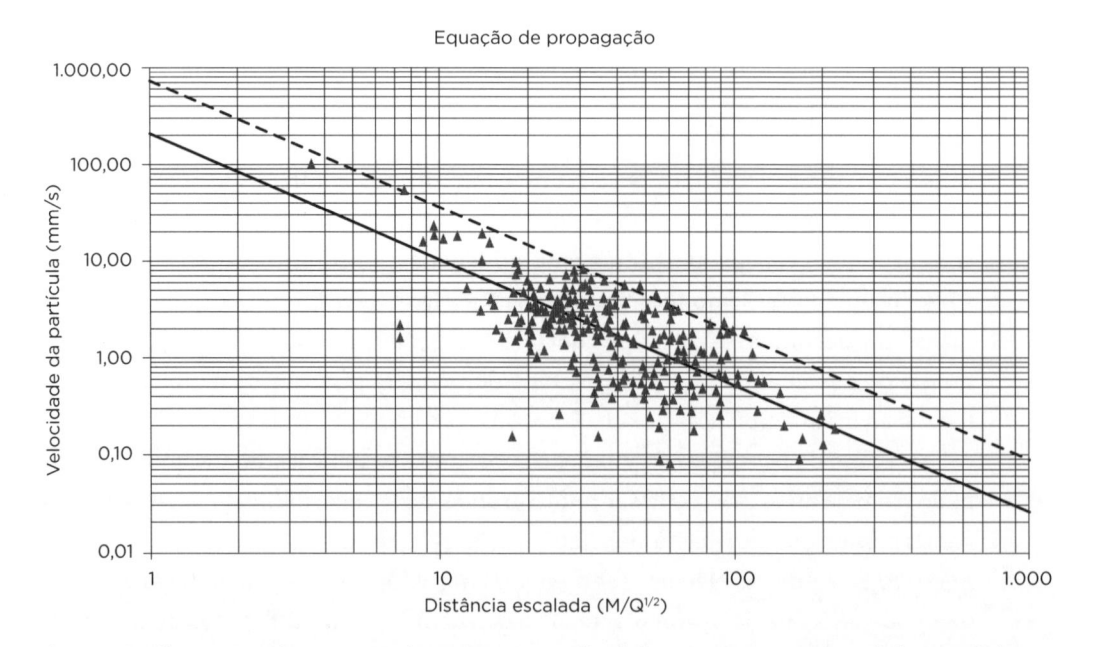

Fig. 2.12 *Gráfico mostrando a equação de propagação média (linha contínua) e máxima (linha tracejada)*

O Quadro 2.2 apresenta os fatores que controlam a velocidade de vibração, diferenciando aqueles determinados pelo plano de fogo dos intrínsecos do local das escavações.

Quadro 2.2 Fatores que controlam a vibração

Variáveis que controlam a operação	Significante	Moderada	Pequena
Carga por espera	X		
Carga por fogo		X	
Comprimento e diâmetro da carga			X
Engastamento da carga	X		
Razão de carregamento	X		
Afastamento e espaçamento		X	
Inclinação do furo (ABGE, 1982)			X
Tampão – comprimento		X	
Tampão – material		X	
Intervalo de retardo	X		
Precisão do retardo	X		
Variáveis fora de controle da operação	**Significante**	**Moderada**	**Pequena**
Superfície do terreno		X	
Tipo e profundidade do capeamento	X		

Comunicação com os vizinhos

Embora a distância entre a área das detonações e as estruturas existentes seja usualmente fixa, o planejamento deve programar as primeiras detonações longe das estruturas, até que esteja formado um sólido programa de relações públicas que lidará com a comunidade durante o período de realização das detonações. É importante criar um departamento voltado às relações públicas com os vizinhos. Os problemas legais aparecem quando não se consideram os fatores humanos.

Deve-se informar aos vizinhos que as detonações estão sendo conduzidas tomando-se as medidas para minorar os problemas e atender às reclamações com rapidez. Além disso, é necessário avisá-los do desejo de receber legítimas reclamações, mas tendo em mãos informações estruturais da vizinhança que relatem o panorama existente antes do início das detonações.

Deve-se pesquisar e documentar o panorama das estruturas da vizinhança antes e depois das detonações, assim como documentar as trincas e a queda de reboco. É necessário verificar detalhes de construção, bem como trincas de acomodamento natural antes das detonações, documentando-as e registrando-as em cartório.

O fogo deve ser documentado, com a elaboração de um relatório o mais completo possível. Deve-se anexar a esse relatório de fogo medidas de vibração, quando realizadas.

2.7 Pressão hidrodinâmica

É a propagação da onda de choque através da água. É temporária e localizada. Provoca a formação de ondas superficiais, turbidez, e lançamento de coluna de água em forma de emulsão de água, ar e partículas finas. Animais como aves e peixes podem sair da zona de mortandade por meio de aviso sonoro, emitido alguns minutos antes da detonação, de acordo com a fauna a proteger. Bom tamponamento, com grande comprimento e constituído por brita, menor carga por espera e conhecimento dos limites seguros para cada interferência tornam o fenômeno tolerável ao entorno. Quando a detonação é realizada na água, é necessário levar em conta essa pressão hidrodinâmica, transmitida na água a grandes distâncias. O comportamento da pressão hidrodinâmica é similar ao impacto de ar, mas é consideravelmente maior em intensidade porque a água é incompressível. As cargas podem ser colocadas em furos ou apenas em contato direto com a superfície da rocha.

O efeito hidrodinâmico é o resultado da conversão da energia do explosivo por expansão quase instantânea dos gases, gerando onda de choque na água, a qual se expande radialmente como energia acústica. A velocidade de propagação dessa onda na vizinhança do epicentro, ou seja, perto da carga explosiva, pode alcançar valores de milhares de metros por segundo (Fig. 2.13).

A velocidade de propagação dessa onda é atenuada rapidamente com a distância para valores da ordem de 1.500 m/s, correspondente à velocidade do som na água. A frente de onda associada com a pressão máxima é do tipo impulsivo e tem duração extremamente curta, da ordem de alguns milissegundos. A duração da onda de choque hidrodinâmica é tão curta que ela cai em intensidade até um valor de 50% da máxima em apenas um milissegundo. Isso significa na prática que a cooperação entre cargas não ocorre quando elas são detonadas com diferentes tempos, se a diferença entre tempos for de 12 ms a 50 ms. A cooperação também não existe se diferentes cargas são detonadas ao mesmo tempo e se a dispersão desse intervalo for de mais ou menos 5 ms entre cargas ou maior. A detonação sem cooperação vai gerar pressão de intensidade igual àquela de furos individuais. O primeiro impulso é geralmente seguido por uma série de reverberações decrescentes. Quando a pressão dos gases se expandindo retorna aos níveis da pressão

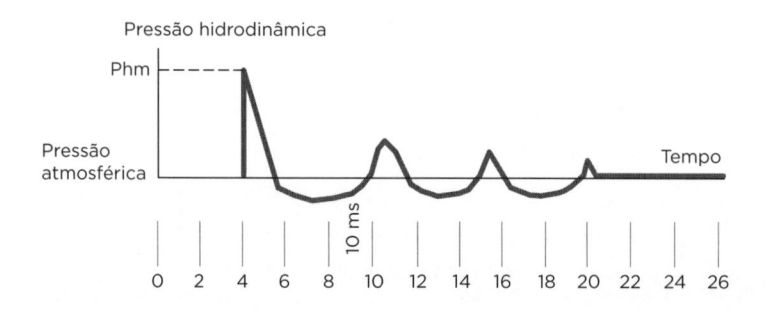

Fig. 2.13 *Decaimento da pressão hidrodinâmica com o tempo*

hidrodinâmica existente antes da detonação, a massa de água volta para encher o vazio, gerando pressão negativa na água. O ciclo é então repetido até que o valor da pressão atinja cerca de 20% da pressão inicial. Tais impulsos ou reverberações são conhecidos como *impulso da bolha*.

Devido a sua abrangência temporal e restrita, os efeitos nocivos da pressão hidrodinâmica não trazem maiores consequências para a comunidade local e regional.

Dinâmica de maciços rochosos 3

3.1 Mapeamento geológico e classificação geomecânica dos maciços

Realizadas as investigações geológicas, é necessário inicialmente elaborar um perfil geológico-geomecânico do maciço de transição entre a área de detonação e o meio a preservar, onde se faz a captação dos seus efeitos. O procedimento de classificar o maciço rochoso é usual tanto em obras a céu aberto como em obras subterrâneas. A classificação é realizada com base nas investigações por sondagens, cuja interpretação fornece diferentes parâmetros sobre o maciço rochoso.

As classificações geomecânicas de maciços mais utilizadas são a de Bieniawski e a de Barton, apresentadas respectivamente nas Tabs. 3.1 e 3.2.

Na classificação de Bieniawski, o valor de *rock mass rating* (RMR) é obtido pela soma dos parâmetros da tabela.

A classificação de Barton – índice Q – é obtida pela multiplicação/divisão dos parâmetros do maciço, apresentados na tabela. Pode-se dizer que ela é mais complexa, mas há uma correlação que pode ser utilizada para transformar uma na outra:

$$RMR = 9 \ln Q + 44 \qquad (3.1)$$

A correlação anterior, proposta por Bieniawski (1976), é discutida junto com outras na dissertação de mestrado de Christofolletti (2014).

Com base nessas classificações, pode-se dizer que, independentemente do tipo de obra, os maciços podem ser classificados como segue:

- *classe I*: corresponde a maciços que são pouco fraturados;
- *classe II*: corresponde a maciços que são medianamente fraturados;
- *classe III*: corresponde a maciços alterados duros, ou maciços muito fraturados;
- *classe IV*: corresponde a maciços de rocha alterada mole ou maciços muito fraturados, com fraturas oxidadas;
- *classe V*: corresponde a solos, sejam residuais ou transportados.

Os valores anteriores referem-se a maciços de rocha dura, cuja matriz rochosa intacta apresenta resistência à compressão uniaxial simples de mais de 100 MPa, tais como basaltos, granitos, gnaisses e xistos. Para maciços sedimentares, ou de menor resistência da rocha intacta, os valores devem ser adaptados,

Tab. 3.1 Classificação geomecânica *rock mass rating* (RMR) de Bieniawski (1989)

Sistema de classificação de maciços rochosos RMR

A – Parâmetros classificatórios para obtenção do RMR básico

1	Resistência do material intacto	Índice de compressão puntiforme (MPa)	> 10	10 a 4	4 a 2	2 a 1		Prefere-se resistência à compressão simples
		Resistência à compressão simples (MPa)	> 250	250 a 100	100 a 50	50 a 25	25 a 5	5 a 1	< 1
			15	12	7	4	2	1	0
2	RQD (%)		100 a 90	90 a 75	75 a 50	50 a 25	< 25
			20	17	13	8	3
3	Espaçamento das descontinuidades (m)		> 2	2 a 0,6	0,6 a 0,2	0,2 a 0,06	< 0,06
			20	15	10	8	5
4	Condição das descontinuidades	Persistência (m)	< 1	1 a 3	3 a 10	10 a 20	20
			6	4	2	1	0
		Abertura (mm)	Selada	< 0,1	0,1 a 1	1 a 5	> 5
			6	5	4	1	0
		Rugosidade	Muito rugosa	Rugosa	Levemente rugosa	Plana	Polida
			6	5	3	1	0
		Preenchimento	Nenhum	Duro < 5	Duro > 5	Mole < 5	Mole > 5
			6	4	2	2	0
		Alteração	sã	Levemente alterada	Moderadamente alterada	Altamente alterada	Decomposta
			6	5	3	1	0
5	Água subterrânea	Infiltração em 10 m de túnel (L/min)	Nenhuma	< 10	10 a 25	25 a 125	> 125
		Pressão de água na fratura/tensão máxima principal	0	< 0,1	0,1 a 0,2	0,2 a 0,5	0,5
		Condições gerais	Completamente seco	Úmido	Molhado	Gotejamento	Fluxo
			15	10	7	4	0

B – Obtenção do valor para ajuste do RMR conforme as atitudes das descontinuidades

Direção perpendicular ao eixo do túnel				Direção paralela ao eixo do túnel		Inclinação 0° a 20°
Abertura do túnel no sentido da inclinação		Abertura do túnel no sentido inverso da inclinação		Inclinação 45° a 90°	Inclinação 20° a 45°	
90° a 45°	45° a 20°	90° a 45°	45° a 20°			
Muito favorável	Favorável	Razoável	Desfavorável	Muito desfavorável	Razoável	Razoável
0	−2	−5	−10	−12	−5	−5

Soma dos índices RMR	100–81	80–61	60–41	40–21	< 20
Classe	I	II	III	IV	V
Descrição	Muito bom	Bom	Regular	Ruim	Muito ruim

considerando os valores de resistência à compressão obtidos, reduzindo-se proporcionalmente os valores da tabela.

Os maciços classificados como solos foram aqui incluídos como maciços classe V, pois sua classificação nos modelos geomecânicos é muito difícil.

Tab. 3.2 Classificação geomecânica – índice Q

	$Q = RQD / Jn + Jr / Ja + Jw / SRF$
RQD / Jn = Tamanho dos blocos	Jr / Ja = Resistência ao cisalhamento entre blocos	Jw / SRF = Tensões atuantes

	RQD – Designação de qualidade de rocha (*rock quality designation*) (observação 1)	
R1	Muito pobre	0-25
R2	Pobre	25-50
R3	Regular	50-75
R4	Bom	75-90
R5	Excelente	90-100

	Jn – Número de famílias de juntas (observação 2)	
A	Maciço, nenhuma ou poucas juntas	0,5-1,0
B	Um sistema de juntas	2,0
C	Um sistema de juntas e juntas aleatórias	3,0
D	Dois sistemas de juntas	4,0
E	Dois sistemas de juntas e juntas aleatórias	6,0
F	Três sistemas de juntas	9,0
G	Três sistemas de juntas e juntas aleatórias	12,0
H	Quatro ou mais sistemas de juntas aleatórias, muito fraturados e de poliedros irregulares	15,0
I	Rocha fragmentada, "brita"	20,0

	Jr – Índice de rugosidade das juntas	
	a) Paredes das juntas em contato (observação 3) **b) Paredes com menos de 10 cm de cisalhamento**	
A	Juntas descontínuas	4,0
B	Rugosas e irregulares ou onduladas	3,0
C	Lisas e onduladas	2,0
D	Estrias de fricção e onduladas	1,5
E	Rugosas ou irregulares e planas	1,5
F	Lisas e planas	1,0
G	Estrias de fricção e planas	0,5
	c) Sem contato entre paredes, zonas cisalhadas (observação 4)	
H	Zonas contendo argilominerais com espessuras suficientes para impedir contato entre paredes	1,0
I	Arenosas ou fragmentadas com espessuras suficientes para impedir contato entre paredes	1,0

Tab. 3.2 (continuação)

	Ja – Índice de alteração e preenchimento das juntas	φr	Ja
	a) Contato entre paredes sem películas		
A	Selada, dura, impermeável, preenchida por quartzo, calcita etc.	—	0,75
B	Paredes sãs, somente superfícies descoloridas	25°-35°	1,0
C	Paredes pouco alteradas, sem minerais brandos recobrindo, sem argila e rocha desintegrada	25°-30°	2,0
D	Camada argilossiltosa ou argiloarenosa, com pequena fração de argila (não mole)	20°-25°	3,0
E	Materiais brandos com baixo atrito, argilominerais, caulinita ou micas, também clorita, talco, gipsita etc. e pouca quantidade de minerais expansivos	8°-16°	4,0
	b) Paredes com menos de 10 cm de cisalhamento, preenchimento fino		
F	Partículas arenosas, sem argilominerais e rochas decompostas	26°-30°	4,0
G	Argila rígida e dura, contínua, porém < 5 mm	16°-24°	6,0
H	Argila pouco a medianamente consolidada, contínua, porém ≤ 5 mm	12°-16°	8,0
I	Argila pouco a medianamente consolidada, contínua, porém ≤ 5 mm, valor de Ja dependerá da porcentagem de argila expansiva, acesso à água etc.	8°-12°	8-12
	c) Sem contato entre as paredes, zonas cisalhadas		
K, L e M	Zonas ou bandas desintegradas, rochas fragmentadas e argila (ver H, I)	6°-24°	6, 8 e 8-12
N	Zonas ou bandas argilossiltosas ou argiloarenosas com pequena fração de argila (não mole)	—	6
O, P e R	Zona espessa e contínua ou banda de argila (ver G, H e I para descrição)	6°-24°	10, 13 ou 13-20

	Jw – Fator de redução devido à presença de água (observação 5)		
A	Escavação seca ou gotejamento, < 5 L/min localmente		1,0
B	Vazão média ou pressão, considerável lavagem de preenchimento		0,56
C	Vazão alta ou alta pressão em rocha competente e juntas não preenchidas		0,5
D	Vazão alta ou pressão, considerável lavagem de juntas		0,33
E	Excepcionais vazões após detonação, caindo no tempo		0,2-0,1
F	Excepcionais vazões após detonação, sem diminuição significativa		0,1-0,05

	SRF – Fator de redução devido a tensões no maciço		
	a) Zonas de fraqueza interceptando a escavação, as quais poderão causar queda de blocos de rocha quando o túnel for escavado (observação 6)		SRF
A	Múltiplas ocorrências de zonas fracas contendo argila ou rocha quimicamente desintegrada, muito material solto na superfície da rocha		10
B	Única zona de fraqueza com argila ou rocha desintegrada (profundidade ≤ 50 m)		5,0
C	Única zona de fraqueza com argila ou rocha desintegrada (profundidade ≥ 50 m)		2,5
D	Múltiplas zonas de cisalhamento e rocha competente, sem argila ou material solto na superfície da rocha, qualquer profundidade		7,5
E	Única zona cisalhada em rocha competente, sem argila (profundidade ≤ 50 m)		5,0
F	Única zona cisalhada em rocha competente, sem argila (profundidade ≥ 50 m)		2,5
G	Fragmentada, juntas abertas, muito fragmentada, "brita"		5,0

Tab. 3.2 (continuação)

SRF – Fator de redução devido a tensões no maciço				
b) Rocha competente, problemas de tensão no maciço (observação 7)		σ_c / σ_1	σ_θ / σ_c	SRF
H	Baixa tensão, próxima a superfície	> 200	< 0,01	2,5
J	Média tensão, condições favoráveis de tensão	200-10	0,01-0,3	1,0
K	Tensão alta	10-5	0,3-0,4	0,5-2,0
L	Moderado desplacamento em rocha maciça, após mais de 1 h	5-3	0,5-0,65	5-50
M	Desplacamento e explosão de rocha em rocha maciça, após poucos minutos	3-2	0,65-1	50-200
N	Muita deformação e explosão de rocha, além de deformação dinâmica imediata, rocha maciça	< 2,0	> 1,0	200-400
c) *Squeezing rock*, fluxo plástico de rocha incompetente causado por altas pressões de rocha (observação 8)			σ_θ / σ_c	SRF
O	Moderado *squeezing* e consequente pressão da rocha			1-5	5-10
P	Intenso *squeezing* e consequente pressão da rocha			> 0,5	10-20
d) Expansibilidade de rochas: expansão dependente da presença de água				SRF
Q	Moderada expansibilidade e consequente pressão da rocha				5-10
R	Intensa expansibilidade e consequente pressão da rocha				10-15

Observações:

Geral – Jr e Ja: são aplicados para sistemas de juntas ou descontinuidade que são os menos favoráveis para estabilidade, ambas do ponto de vista de orientação e resistência ao cisalhamento, τ [$\tau = S_n \tan^{-1}$ (Jr/Ja)] . Escolha e inicie a classificação pela descontinuidade mais desfavorável à estabilidade.

1 – Quando o RQD medido for < 10 (inclusive zero), usar o valor 10. Para a determinação de Q, usar valores de intervalos múltiplos de 5. Para a determinação na frente escavada, escolher o trecho mais representativo do maciço e fazer a contagem volumétrica das juntas nessa região (três eixos).

RQD = 115 – 3,3 Jv, em que Jv é o somatório das juntas por metro encontradas nos três eixos.

2 – Para intersecção de túneis, usar 3,0 Jn, e, para emboques, usar 2,0 Jn.

3 – Descrição: referente às feições de pequena e intermediária escala, nessa ordem.

4 – Adicionar 1,0 se o espaçamento do principal sistema de juntas for maior que 3 m.

5 – Os itens C a F são estimativas grosseiras. Os valores de Jw poderão aumentar se vazões forem medidas nas drenagens executadas.

6 – Reduzir os valores de SRF de 25% a 50%, se as zonas de fraqueza relevantes influenciam, mas não interceptam a escavação.

7 – Para fortes campos de tensões virgens (medido): quando $5 \leq \sigma_1/\sigma_3 \leq 10$, reduzir σ_c em 25%; se $\sigma_1/\sigma_3 > 10$, reduzir σ_c em 50%, em que σ_c = resistência à compressão uniaxial, σ_1 e σ_3 = máxima e mínima tensões principais atuantes, σ_θ tensão tangencial máxima (estimada da teoria da elasticidade). Para os poucos casos registrados onde a cobertura é menor que o vão, sugere-se o aumento do SRF de 2,6 para 6,0, item H.

8 – *Squeezing* pode ocorrer em profundidades de $H > 350 \ Q^{1/3}$. A resistência à compressão do maciço pode ser estimada da seguinte relação: $0,7 \ G \ Q^{1/3}$ em MPa, em que G é a densidade da rocha em kN/m³.

Fonte: Grimstad e Barton (1993).

É importante lembrar que zonas de cisalhamento ou falhas devem ser consideradas como feições geológicas singulares que merecem atenção especial no maciço rochoso. A reflexão e a refração das ondas nessas feições singulares distinguem-se das do maciço e devem ser levadas em conta.

3.2 Aspectos teóricos

Apresenta-se, nesta seção, o que é essencial entender teoricamente sobre a dinâmica dos maciços rochosos. Para mais detalhes, sugere-se a consulta à bibliografia especializada, como *Mecânica do impacto e comportamento dinâmico dos materiais*, de Gomes (s.d.), da Faculdade de Engenharia da Universidade do Porto (Feup), que coloca com muita propriedade na introdução:

> Quando numa região localizada de um corpo simples ou estrutura mais complexa se aplica uma solicitação impulsiva ou impacto, o equilíbrio local é afetado, dando origem a uma onda de tensão que se propaga às regiões vizinhas do corpo com uma velocidade finita (c) que depende das características mecânicas do material. Em cada instante, existe uma superfície que separa a região do corpo já afetada pela passagem da onda da outra região que ainda não tomou conhecimento da perturbação.
>
> Tal superfície é designada por frente de onda e move-se à velocidade de propagação (c), podendo assumir as mais variadas formas, consoante a geometria do corpo, o tipo de perturbação que lhe dá origem e as propriedades do material. As formas mais simples são as frentes de ondas planas, cilíndricas e esféricas. Tal como noutros casos de propagação de ondas, também aqui as trajetórias ortogonais da frente de onda são designadas por raios de onda, os quais estão sujeitos às leis da reflexão e refração.

As ondas podem ser de volume e ainda superficiais, como as de Rayleigh e Love, que se deslocam a velocidades inferiores às ondas de corpo. São ondas de baixa frequência, longa duração e baixa amplitude, importantes para os sismos (Fig. 3.1).

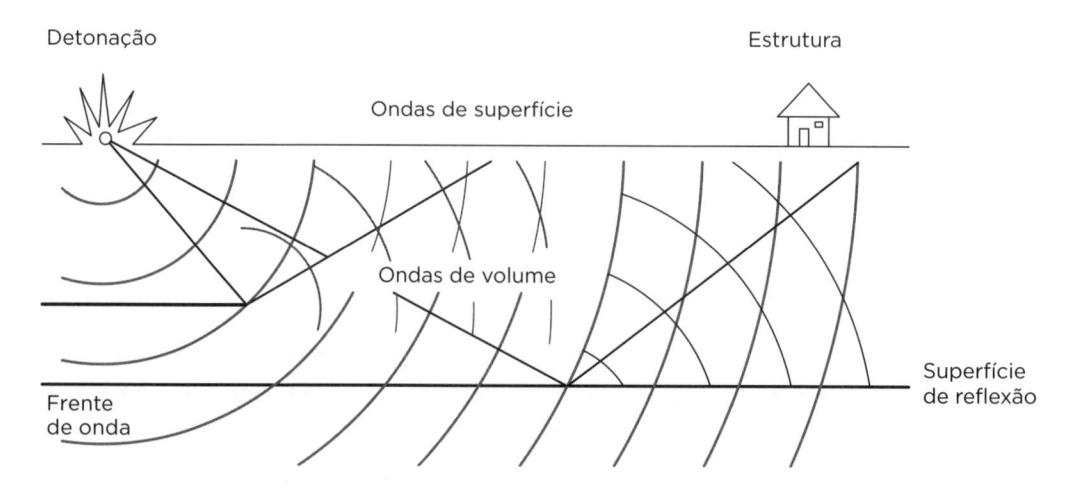

Fig. 3.1 *Propagação de ondas no maciço*
Fonte: *adaptado de Barros et al. (1990).*

Mais adiante, Gomes (s.d.) diz o seguinte:
> Em consequência da perturbação do meio produzida pela passagem da onda de tensão, as diferentes partículas do meio material vêm alteradas das suas posições relativas, de tal modo que pode falar-se num movimento relativo dessas partículas e numa velocidade de partícula ou velocidade particular (v), a qual tem um significado completamente distinto da velocidade de propagação de onda (c).

Com efeito, numa detonação pressões altíssimas se desenvolvem nas paredes do furo, resultando em fundição da rocha, moagem e aparecimento de trincas radiais e transversais (Fig. 3.2).

Esses fenômenos provocam o desmonte do maciço e uma onda de detonação é originada no regime elástico, que se propaga com velocidade constante para aquele determinado meio. Para que se tenha uma ideia dessa perturbação que percorre o maciço, as velocidades de propagação de ondas longitudinais originadas, aqui designadas c, alcançam os valores:

- *maciço de rocha sã e dura, pouco fraturada, classe I*: c = 5.000 m/s;
- *maciço de rocha sã fraturada, classe II*: 4.000 m/s;
- *maciço de rocha alterada e fraturada, classe III*: 2.500 m/s a 4.000 m/s;
- *maciço de alteração de rocha (saprólito a rocha alterada muito fraturada), classe IV*: 1.500 m/s a 3.000 m/s;

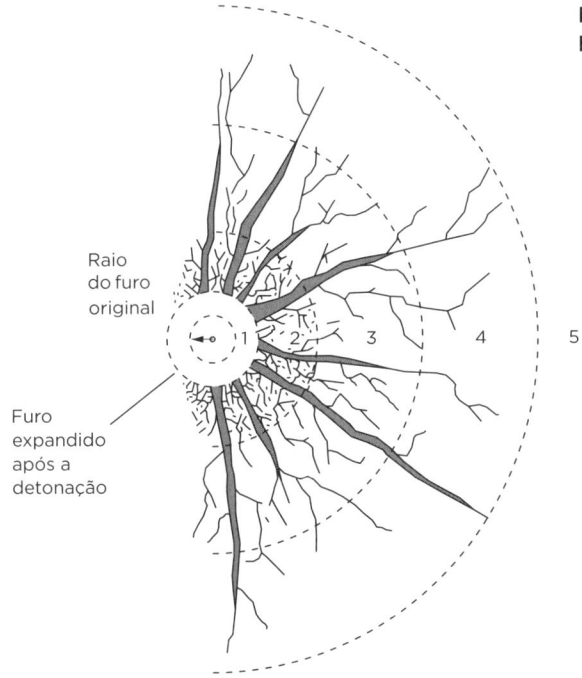

Fig. 3.2 *Raios das zonas de ruptura*
Fonte: *modificado de Chiapetta (1980).*

1 Zona pulverizada
2 Zona severamente fraturada
3 Zona medianamente fraturada (fraturas radiais e tangenciais)
4 Zona pouco fraturada (fraturas radiais)
5 Zona elástica

💣 *solo residual jovem, classe V*: 1.000 m/s a 2.000 m/s;
💣 *solo superficial, classe V*: 200 m/s a 1.500 m/s.

Essas velocidades de propagação equivalem a maciços de rocha intacta dura, classes I, II e III, de resistência superior a 100 MPa. Para maciços de rocha branda, tais como arenitos, filitos, siltitos, folhelhos, as velocidades anteriores não se aplicam.

Esses valores são resultado da experiência do autor, entretanto, ensaios geofísicos devem ser realizados para sua determinação. Vale salientar a ordem de grandeza da frente de onda que percorre os maciços, expressa em centenas e milhares de metros/segundo.

Essa onda de tensão que percorre o maciço, ao atingir determinado ponto, faz ele vibrar com uma velocidade de partícula, expressa em mm/s ou cm/s. A essa movimentação de partícula é associado um movimento oscilatório, caracterizado por um período (T), uma amplitude (A) e consequentemente uma velocidade e aceleração de partícula.

Assim, a onda que percorre o maciço origina uma tensão de compressão σ que é dada por:

$$\sigma = \rho\, c\, v \qquad (3.2)$$

Essa equação é fundamental para entender o desmonte de rochas com explosivos. Ou seja, conhecido o meio de propagação, caracterizado pelo produto da densidade ρ pela velocidade de propagação de ondas c, é possível, estabelecendo a tensão σ suportada pelo maciço, calcular a velocidade de vibração v. Como descreve a equação, a velocidade de vibração é uma medida do dano sofrido pelo maciço, pois está associada à tensão admissível.

3.3 Danos à rocha remanescente

A tensão de compressão que percorre o maciço, conforme exposto no item anterior, é igual ao produto da velocidade de propagação pela densidade, característica do meio, conhecida como impedância mecânica, multiplicada pela velocidade de partícula gerada.

Com base na resistência da rocha, pode-se calcular a zona de danos causada pelos explosivos na parede de um túnel ou um talude, conforme exposto por Holmberg (1982). Como as cargas não são pontuais, e sim distribuídas, pode-se fazer a soma das diversas cargas de um furo e seus efeitos sobre o maciço remanescente calculando-se a zona de danos, que pode variar de alguns centímetros, para cordel detonante no furo e rocha de elevada resistência, a alguns metros, quando se usa churrasquinho (cargas de explosivo distribuídas ao longo do furo) em rochas de resistência baixa a média. A Fig. 3.3 equaciona esses aspectos.

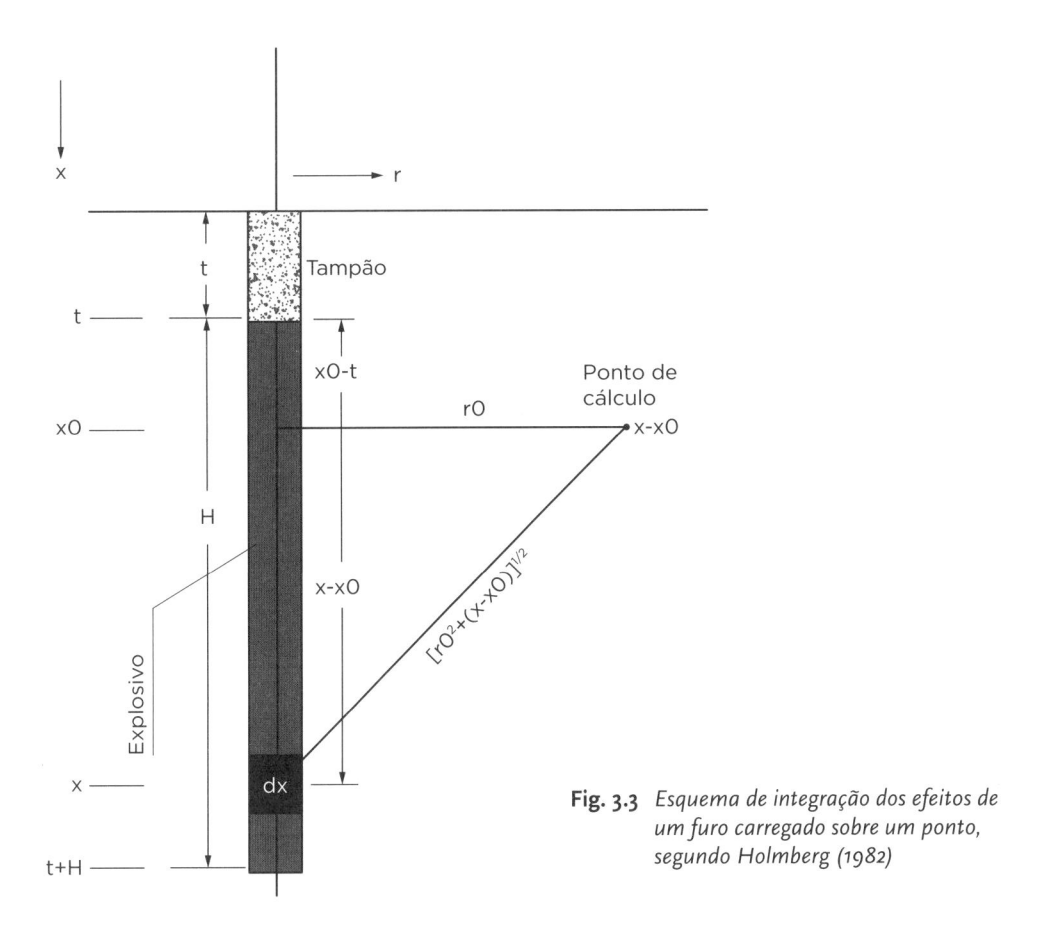

Fig. 3.3 *Esquema de integração dos efeitos de um furo carregado sobre um ponto, segundo Holmberg (1982)*

É claro que o meio não é sempre homogêneo, e descontinuidades no maciço rochoso ou a propagação das ondas por meios diferentes, ou a própria superfície natural, criam condições para o aparecimento de tensões de tração.

Como os maciços resistem normalmente a tensões de tração da ordem de um oitavo a um décimo das tensões de compressão, explica-se o fenômeno de escamamento, resultante de se ter excedido a resistência à tração dos maciços.

Por isso é que a criação de uma fenda por pré-fissuramento é mais eficiente para reduzir as velocidades de vibração em maciços pouco fraturados. Em maciços muito fraturados, elas reduzem pouco, pois representam mais uma descontinuidade (de grande continuidade) no maciço rochoso. Ou seja, a onda de compressão, ao encontrar outro meio, ou uma descontinuidade, sofre refrações e reflexões, transformando-se em ondas de tração, o que facilita o arranque explosivo. A Fig. 3.4 ilustra esse comportamento.

Para calcular a zona de danos da detonação, utilizam-se os algoritmos apresentados a seguir. Salienta-se que a zona de danos representa o ultrapasse da resistência à tração do maciço, portanto dentro do regime plástico, e não elástico.

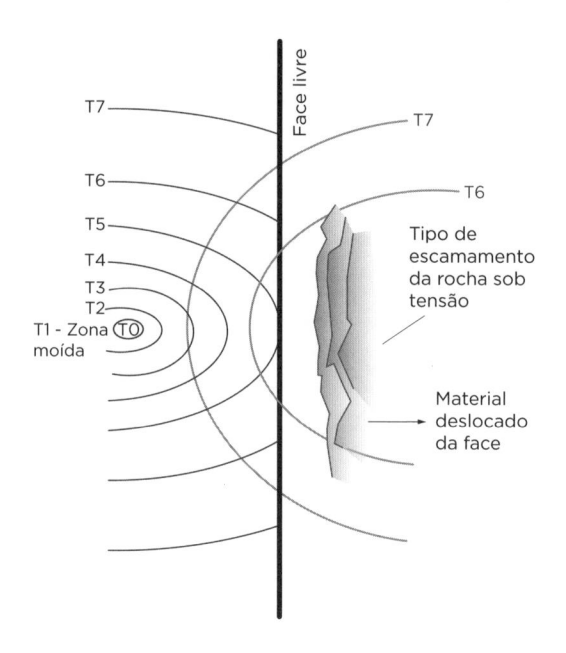

T0 - Detonação, geração de alta pressão de gases em alta temperatura.

T1 - A parede do furo é moída devido à alta pressão. Algumas fissuras são produzidas. O Furo é dilatado.

T2 - T4 - Pulsos de alta tensão de compressão alcançam a face livre.

T5 - Parte dos pulsos de tensão de compressão viaja em todas as direções.

T6 - Parte dos pulsos viaja em direção à face livre e parte deles é refletida na face livre como pulso de tensão de tração.

Porção de rocha é destacada e ela se move para a frente.

T7 - Outros pulsos de tensão de compressão chegam à nova face livre formada e repetem o processo de quebra por escamamento.

Fig. 3.4 *Processo de danificação na face livre*

Como dados de entrada, deve-se conhecer:
- a qualidade do maciço;
- a densidade;
- a velocidade das ondas longitudinais;
- a resistência à tração, considerando a existência de fogos anteriores;
- as leis de propagação de vibrações média e máxima;
- a existência de ar no furo.

Na Fig. 3.5 apresentam-se os cálculos da zona de danos por escamamento, variando-se a resistência à tração do maciço entre 2,4 MPa e 2,1 MPa e a equação de propagação de vibrações utilizada, máxima e média obtida no local. As previsões tratam da obra subterrânea do túnel de adução da UHE Piñalito, na Colômbia, cuja seção transversal e dimensões são indicadas na mesma figura.

Com as hipóteses adotadas nos cálculos, verifica-se que a zona de danos pode chegar a 1 m.

O resumo da zona de danos para as detonações em subterrâneo em função da equação de propagação de velocidades de vibração, e sem ar nos furos, é apresentado na Tab. 3.3.

A Tab. 3.4 apresenta as zonas de danos previstas para as detonações subterrâneas e a céu aberto, com e sem ar no furo, para os arenitos de fundação da UHE Estreito, no rio Tocantins. Note-se que a resistência à tração varia significativamente se os arenitos são silicificados (resistência à tração de 10 MPa) ou brandos.

3 Dinâmica de maciços rochosos | 55

Velocidade da partícula para escamar (mm/s)	264
Equação de Devine - $Vp = K*(d / Q^{0.5})^{-n}$ (máxima)	K 262
	N 0,79
Equação de Holmberg - $Vp = K*(Q^a / d^b)$	K 262
	a 0,40
	b 0,79

Diâmetro do furo (mm)	45
Ar (m)	0
Diâmetro da carga (mm)	22
Comprimento do furo (m)	3,5
Tampão (m)	0,7
Comprimento de carga (m)	2,9
Volume unitário do explosivo (m³)	0,0004
Peso específico do explosivo (g/cm³)	1,12
Razão linear de carregamento (kg/m)	0,426
Incremento para as distâncias (m)	0,1

Tipo de rocha	Rocha alterada
Peso específico (g/cm³)	2,6
Relação de Poisson	0,27
Velocidade da onda P (m/s)	3.500
Resistência à tração (MPa)	2,4
% da resistência à tração (*)	80,0
Velocidade da partícula para escamar (mm/s)	264
Deformação (μmm/mm)	75

(*) - por causa das detonações anteriores

Ponto de avaliação a partir da boca do furo
Distância (m)
Superfície rochosa

xo (m) \ ro (m)	0,60	0,70	0,80	0,90	1,00	1,10	1,20	1,30	1,40	1,50
0,7	259	241	226	214	203	194	185	178	171	165
0,9	284	262	244	229	216	205	195	187	179	172
1,1	301	277	257	241	227	214	204	194	185	178
1,4	311	286	266	249	234	221	210	200	191	182
1,6	317	296	278	263	251	240	230	221	213	206
1,9	320	295	274	256	241	228	216	206	196	187
2,1	320	295	275	257	242	228	217	206	197	188
2,4	319	294	273	256	241	227	215	205	196	187
2,6	315	290	270	252	237	224	213	202	193	185
2,9	308	284	263	246	232	219	208	198	189	181

Zona de tampão (linha superior); Zona de dano (células destacadas)

Fig. 3.5 *Cálculo da zona de danos*

Tab. 3.3 Resumo da zona de danos (sem ar nos furos)

	UHE Piñalito – subsolo			
Qualidade do maciço	Comprimento do furo (m)	Equação de propagação	Resistência à tração (MPa)	Zona de danos (m)
Rocha alterada (IV)	3,0	Máxima	2,4	0,80
Rocha alterada (IV)	3,0	Média	2,4	0,01
Rocha com fraturas pouco oxidadas	3,0	Máxima	2,3	0,90
Rocha com fraturas pouco oxidadas	3,0	Média	2,3	0,01
Rocha com fraturas oxidadas	3,0	Máxima	2,2	1,00
Rocha com fraturas oxidadas	3,0	Média	2,2	0,01
Rocha com fraturas muito oxidadas	3,0	Máxima	2,1	1,10
Rocha com fraturas muito oxidadas	3,0	Média	2,1	0,01

Observação: UHE Piñalito (tobas, adensitos e riólitos com resistência à compressão entre 25 MPa e 110 MPa).

Velocidade da partícula para escamar (mm/s)	264		
Equação de Devine - $Vp = K*(d / Q^{0.5})^{-n}$ (média)	K	66	
	N	0,79	
Equação de Holmberg - $Vp = K*(Q^a / d^b)$	K	66	
	a	0,40	
	b	0,79	

Diâmetro do furo (mm)	45
Ar (m)	0
Diâmetro da carga (mm)	22
Comprimento do furo (m)	3,5
Tampão (m)	0,7
Comprimento de carga (m)	2,9
Volume unitário do explosivo (m³)	0,0004
Peso específico do explosivo (g/cm³)	1,12
Razão linear de carregamento (kg/m)	0,426
Incremento para as distâncias (m)	0,1

Tipo de rocha	Rocha alterada
Peso específico (g/cm³)	2,6
Relação de Poisson	0,27
Velocidade da onda P (m/s)	3.500
Resistência à tração (MPa)	2,4
% da resistência à tração (*)	80,0
Velocidade da partícula para escamar (mm/s)	264
Deformação (μmm/mm)	75

(*) - por causa das detonações anteriores

Ponto de avaliação a partir da boca do furo
Distância (m) — Superfície rochosa

xo (m) \ ro (m)	0,01	0,11	0,21	0,31	0,41	0,51	0,61	0,71	0,81	0,91
				Zona de tampão						
0,7	347	133	102	87	77	70	65	60	57	54
0,9	454	166	122	101	87	78	71	66	61	57
1,1	455	171	128	107	93	83	75	69	64	60
1,4	455	172	130	109	95	85	78	72	67	62
1,6	456	176	135	115	102	93	86	81	76	72
1,9	456	173	132	111	97	87	80	74	69	64
2,1	456	174	132	111	97	88	80	74	69	64
2,4	456	173	132	111	97	87	80	74	68	64
2,6	456	173	131	110	96	86	79	73	67	63
2,9	455	172	130	108	95	85	77	71	66	62

Zona de dano

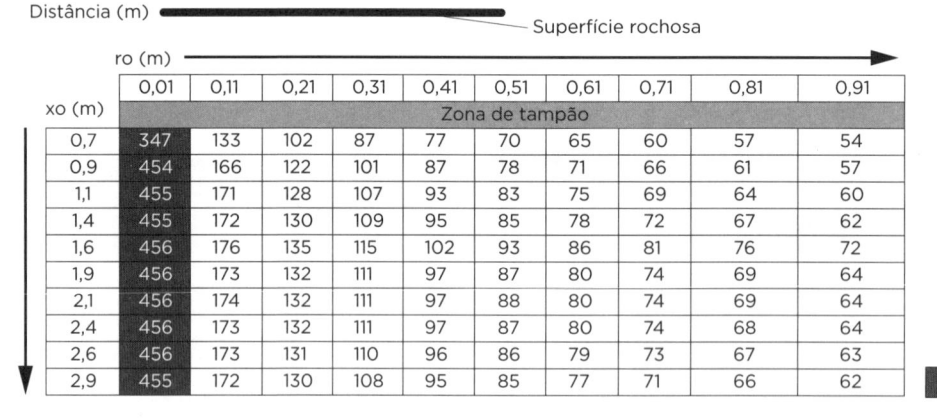

Fig. 3.5 *(continuação)*

Tab. 3.4 Resumo da zona de danos na UHE Estreito (arenito silicificado ou não) em subsolo e a céu aberto

Qualidade do maciço	Comprimento do furo (m)	Equação de propagação	Resistência à tração (MPa)	Ar no furo (m)	Zona de danos (m)
UHE Estreito					
Arenito – subsolo					
Arenito 1	4,0	Máxima	10,0	0	1,50
Arenito 2	4,0	Máxima	5,0	1,9	1,50
Arenito 3	4,0	Máxima	2,0	2,8	1,50
Arenito – céu aberto					
Arenito 1	10,0	máxima	10,0	0	3,20
Arenito 2	10,0	máxima	5,0	4,3	3,20
Arenito 3	10,0	máxima	2,0	6,68	3,20

Observações:
Arenito 1, silicificado, resistência à compressão uniaxial simples de 100 MPa;
Arenito 2, resistência à compressão uniaxial simples de 50 MPa;
Arenito 3, baixa resistência à compressão uniaxial simples, de 20 MPa.

Velocidade da partícula para escamar (mm/s)	253	
Equação de Devine - Vp = K*(d / Q^{0,5})$^{-n}$ (máxima)	K	262
	N	0,79
Equação de Holmberg - Vp = K*(Q^a / d^b)	K	262
	a	0,40
	b	0,79

Diâmetro do furo (mm)	45	Tipo de rocha	Rochas c/ fraturas Pouco oxidadas	
Ar (m)	0	Peso específico (g/cm³)	2,6	
Diâmetro da carga (mm)	22	Relação de Poisson	0,27	
Comprimento do furo (m)	3,5	Velocidade da onda P (m/s)	3.500	
Tampão (m)	0,7	Resistência à tração (MPa)	2,3	
Comprimento de carga (m)	2,9	% da resistência à tração (*)	80,0	
Volume unitário do explosivo (m³)	0,0004	Velocidade da partícula para escamar (mm/s)	253	
Peso específico do explosivo (g/cm³)	1,12			
Razão linear de carregamento (kg/m)	0,426	Deformação (μmm/mm)	72	
Incremento para as distâncias (m)	0,1			

(*) - por causa das detonações anteriores

Ponto de avaliação a partir da boca do furo
Distância (m) — Superfície rochosa

xo (m) \ ro (m)	0,60	0,70	0,80	0,90	1,00	1,10	1,20	1,30	1,40	1,50
				Zona de tampão						
0,7	259	241	226	214	203	194	185	178	171	165
0,9	284	262	244	229	216	205	195	187	179	172
1,1	301	277	257	241	227	214	204	194	185	178
1,4	311	286	266	249	234	221	210	200	191	182
1,6	317	296	278	263	251	240	230	224	213	206
1,9	320	295	274	256	241	228	216	206	196	187
2,1	320	295	275	257	242	228	217	206	197	188
2,4	319	294	273	256	241	227	215	205	196	187
2,6	315	290	270	252	237	224	213	202	193	185
2,9	308	284	263	246	232	219	208	198	189	181

■ Zona de dano

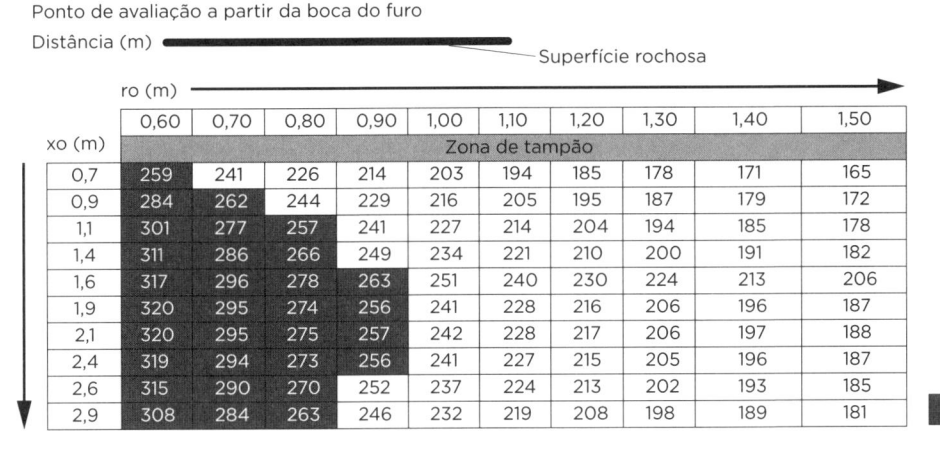

Fig. 3.5 *(continuação)*

3.4 *Overbreaks* geológicos

Em uma obra, devem-se avaliar os *overbreaks* (escavações a mais do que a linha de projeto), já que os *underbreaks* (escavações a menos do que a linha de projeto) são proibidos nas especificações de projeto.

Os *overbreaks* totais devem ser subdivididos naqueles que se devem ao método executivo adotado e nos de cunho geológico.

Os *overbreaks* devidos ao método executivo adotado, ao desvio de furação, ao tipo de explosivo usado no contorno, ao espaçamento dos furos de contorno etc. podem ser avaliados na fase de licitação.

Já os *overbreaks* geológicos dependem da atuação dos explosivos sobre o maciço, meio constituído por rocha e descontinuidades geológicas. A onda de detonação, ao atingir determinada descontinuidade geológica, retorna como onda de tração, e, dependendo de sua posição, pode levar a *overbreaks* ditos geológicos.

Velocidade da partícula para escamar (mm/s)		80	
Equação de Devine - Vp = K*(d / Q^0.5)^-n (média)		K	66
		N	0,79
Equação de Holmberg - Vp = K*(Q^a / d^b)		K	66
		a	0,40
		b	0,79

			Rochas c/ fraturas
Diâmetro do furo (mm)	45	Tipo de rocha	Pouco oxidadas
Ar (m)	0	Peso específico (g/cm³)	2,6
Diâmetro da carga (mm)	22	Relação de Poisson	0,27
Comprimento do furo (m)	3,5	Velocidade da onda P (m/s)	3.500
Tampão (m)	0,7	Resistência à tração (MPa)	2,3
Comprimento de carga (m)	2,9	% da resistência à tração (*)	80,0
Volume unitário do explosivo (m³)	0,0004	Velocidade da partícula para escamar (mm/s)	253
Peso específico do explosivo (g/cm³)	1,12		
Razão linear de carregamento (kg/m)	0,426	Deformação (μmm/mm)	72
Incremento para as distâncias (m)	0,1		

(*) - por causa das detonações anteriores

Ponto de avaliação a partir da boca do furo
Distância (m)

Superfície rochosa

ro (m)

xo (m)	0,01	0,11	0,21	0,31	0,41	0,51	0,61	0,71	0,81	0,91
	Zona de tampão									
0,7	347	133	102	87	77	70	65	60	57	54
0,9	454	166	122	101	87	78	71	66	61	57
1,1	455	171	128	107	93	83	75	69	64	60
1,4	455	172	130	109	95	85	78	72	67	62
1,6	456	176	135	115	102	93	86	81	76	72
1,9	456	173	132	111	97	87	80	74	69	64
2,1	456	174	132	111	97	88	80	74	69	64
2,4	456	173	132	111	97	87	80	74	68	64
2,6	456	173	131	110	96	86	79	73	67	63
2,9	455	172	130	108	95	85	77	71	66	62

Zona de dano

Fig. 3.5 *(continuação)*

3.4.1 Reflexão em uma bancada ou em um túnel

A detonação de um explosivo na rocha gera grande quantidade de gás pressurizado a alta pressão e temperatura, num espaço muito curto de tempo.

Tipicamente isso ocorre em poucos microssegundos para pequenas cargas cilíndricas e em poucos milissegundos para longas cargas cilíndricas em uma bancada ou avanço normais. A pressão gasosa age contra as paredes do furo, gerando uma onda de compressão de alta amplitude que mói e fratura a rocha em volta do furo. Esse pulso viaja radialmente, partindo do furo e em todas as direções, a uma velocidade maior ou igual à velocidade do som no meio. Devido ao espalhamento e à absorção de energia pela rocha, a amplitude do pulso cai muito rapidamente. Assim, a extensão da zona moída na vizinhança do furo é relativamente pequena.

3 Dinâmica de maciços rochosos | 59

Velocidade da partícula para escamar (mm/s)		80
Equação de Devine - $Vp = K*(d/Q^{0.5})^{-n}$ (máxima)	K	262
	N	0,79
Equação de Holmberg - $Vp = K*(Q^a/d^b)$	K	262
	a	0,40
	b	0,79

Diâmetro do furo (mm)	45
Ar (m)	0
Diâmetro da carga (mm)	22
Comprimento do furo (m)	3,5
Tampão (m)	0,7
Comprimento de carga (m)	2,9
Volume unitário do explosivo (m³)	0,0004
Peso específico do explosivo (g/cm³)	1,12
Razão linear de carregamento (kg/m)	0,426
Incremento para as distâncias (m)	0,1

	Rochas c/ fraturas
Tipo de rocha	Oxidadas
Peso específico (g/cm³)	2,6
Relação de Poisson	0,27
Velocidade da onda P (m/s)	3.500
Resistência à tração (MPa)	2,2
% da resistência à tração (*)	80,0
Velocidade da partícula para escamar (mm/s)	242
Deformação (µmm/mm)	69

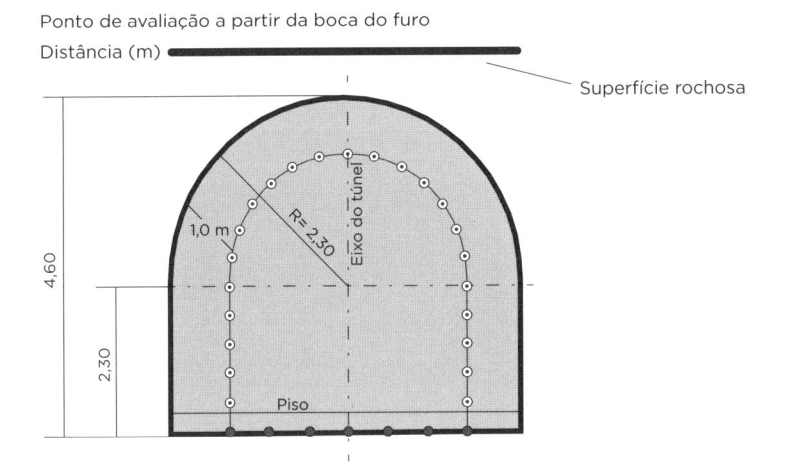

(*) - por causa das detonações anteriores

Ponto de avaliação a partir da boca do furo
Distância (m)

Superfície rochosa

ro (m)	0,60	0,70	0,80	0,90	1,00	1,10	1,20	1,30	1,40	1,50
xo (m)	Zona de tampão									
0,7	259	241	226	214	203	194	185	178	171	165
0,9	284	262	244	229	216	205	195	187	179	172
1,1	301	277	257	241	227	214	204	194	185	178
1,4	311	286	266	249	234	221	210	200	191	182
1,6	317	296	278	263	251	240	230	224	213	206
1,9	320	295	274	256	241	228	216	206	196	187
2,1	320	295	275	257	242	228	217	206	197	188
2,4	319	294	273	256	241	227	215	205	196	187
2,6	315	290	270	252	237	224	213	202	193	185
2,9	308	284	263	246	232	219	208	198	189	181

Zona de dano

Fig. 3.5 *(continuação)*

Velocidade da partícula para escamar (mm/s)	80
Equação de Devine - Vp = K*(d / Q$^{0.5}$)$^{-n}$ (média)	K	66
	N	0,79
Equação de Holmberg - Vp = K*(Q^a / d^b)	K	66
	a	0,40
	b	0,79

Diâmetro do furo (mm)	45
Ar (m)	0
Diâmetro da carga (mm)	22
Comprimento do furo (m)	3,5
Tampão (m)	0,7
Comprimento de carga (m)	2,9
Volume unitário do explosivo (m³)	0,0004
Peso específico do explosivo (g/cm³)	1,12
Razão linear de carregamento (kg/m)	0,426
Incremento para as distâncias (m)	0,1

	Rochas c/ fraturas
Tipo de rocha	Oxidadas
Peso específico (g/cm³)	2,6
Relação de Poisson	0,27
Velocidade da onda P (m/s)	3.500
Resistência à tração (MPa)	2,2
% da resistência à tração (*)	80,0
Velocidade da partícula para escamar (mm/s)	242
Deformação (μmm/mm)	69

(*) - por causa das detonações anteriores

Ponto de avaliação a partir da boca do furo
Distância (m)

Superfície rochosa

xo (m) \ ro (m)	0,01	0,11	0,21	0,31	0,41	0,51	0,61	0,71	0,81	0,91
	Zona de tampão									
0,7	347	133	102	87	77	70	65	60	57	54
0,9	454	166	122	101	87	78	71	66	61	57
1,1	455	171	128	107	93	83	75	69	64	60
1,4	455	172	130	109	95	85	78	72	67	62
1,6	456	176	135	115	102	93	86	81	76	72
1,9	456	173	132	111	97	87	80	74	69	64
2,1	456	174	132	111	97	88	80	74	69	64
2,4	456	173	132	111	97	87	80	74	68	64
2,6	456	173	131	110	96	86	79	73	67	63
2,9	455	172	130	108	95	85	77	71	66	62

■ Zona de dano

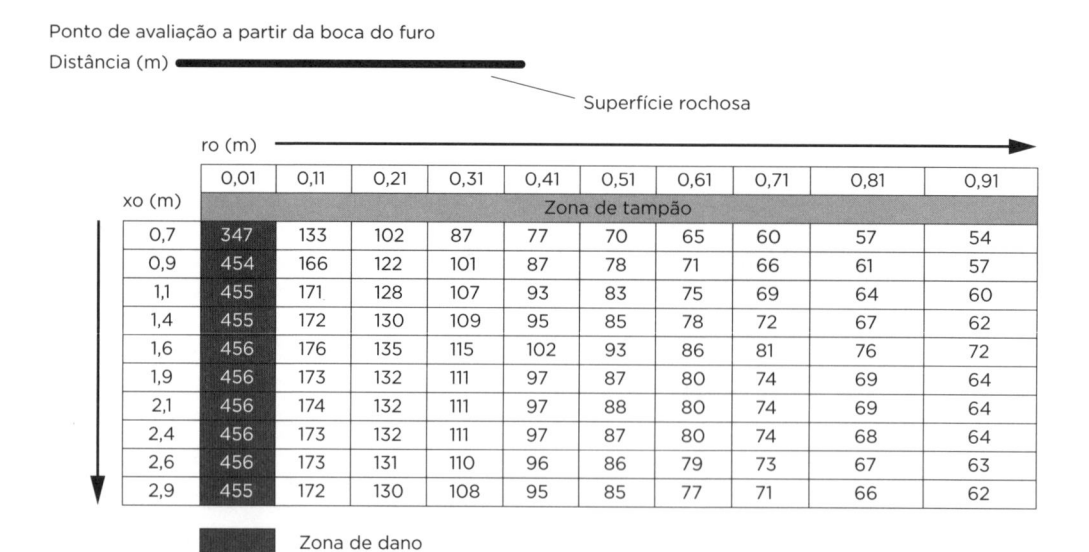

Fig. 3.5 *(continuação)*

Quando a onda de compressão encontra a superfície livre ou uma superfície de fratura, dois pulsos refletidos são gerados: o de tração e o de cisalhamento. A quantidade de energia de cada um depende do ângulo de incidência do pulso de compressão. Dos dois pulsos, o de tração predomina no processo de fragmentação da rocha durante sua volta da face livre, pois sua resistência à tração é muito baixa.

A transferência efetiva da pressão de detonação em tensão depende do casamento de impedâncias entre rocha e explosivo, em que impedância do maciço é o produto da velocidade de propagação pela densidade. Para explosivos, similarmente, é o produto da velocidade de detonação pela densidade. Quanto mais próximas forem as impedâncias do explosivo e do maciço, mais efetiva será a transferência de energia.

3 Dinâmica de maciços rochosos | 61

Velocidade da partícula para escamar (mm/s)	80	
Equação de Devine - $Vp = K*(d / Q^{0.5})^{-n}$ (máxima)	K	262
	N	0,79
Equação de Holmberg - $Vp = K*(Q^a / d^b)$	K	262
	a	0,40
	b	0,79

Diâmetro do furo (mm)	45
Ar (m)	0
Diâmetro da carga (mm)	22
Comprimento do furo (m)	3,5
Tampão (m)	0,7
Comprimento de carga (m)	2,9
Volume unitário do explosivo (m³)	0,0004
Peso específico do explosivo (g/cm³)	1,12
Razão linear de carregamento (kg/m)	0,426
Incremento para as distâncias (m)	0,1

		Rochas c/ fraturas
Tipo de rocha		Muito oxidadas
Peso específico (g/cm³)		2,6
Relação de Poisson		0,27
Velocidade da onda P (m/s)		3.500
Resistência à tração (MPa)		2,1
% da resistência à tração (*)		80,0
Velocidade da partícula para escamar (mm/s)		231
Deformação (μmm/mm)		66

(*) - por causa das detonações anteriores

Ponto de avaliação a partir da boca do furo
Distância (m)

Superfície rochosa

xo (m) \ ro (m)	0,60	0,70	0,80	0,90	1,00	1,10	1,20	1,30	1,40	1,50
	Zona de tampão									
0,7	259	241	226	214	203	194	185	178	171	165
0,9	284	262	244	229	216	205	195	187	179	172
1,1	301	277	257	241	227	214	204	194	185	178
1,4	311	286	256	249	234	221	210	200	191	182
1,6	317	296	278	263	251	240	230	221	213	206
1,9	320	295	274	256	241	228	216	206	196	187
2,1	320	295	275	257	242	228	217	206	197	188
2,4	319	294	273	256	241	227	215	205	196	187
2,6	315	290	270	252	237	224	213	202	193	185
2,9	308	284	263	246	232	219	208	198	189	181

Zona de dano

Fig. 3.5 *(continuação)*

Portanto, a zona de dano vulgarmente chamada de ultrarranque, ou *overbreak*, dependerá da densidade da rocha, da velocidade sônica e da resistência à tração.

A Tab. 3.5 mostra a zona de influência de danos da detonação em função da resistência à tração do maciço quando se utiliza a equação média de propagação de ondas em obras subterrâneas.

Tab. 3.5 Zona de influência de danos em obras subterrâneas

Equação de propagação	Resistência à tração do maciço (MPa)	Zona de influência (m)
Média	0,9	0,35
	0,6	0,9
	0,5	1,3
	0,4	1,8
	0,3	2,6

Velocidade da partícula para escamar (mm/s)	80	
Equação de Devine - Vp = K*(d / Q^{0,5})$^{-n}$ (média)	K	66
	N	0,79
Equação de Holmberg - Vp = K*(Q^a / d^b)	K	66
	a	0,40
	b	0,79

Diâmetro do furo (mm)	45
Ar (m)	0
Diâmetro da carga (mm)	22
Comprimento do furo (m)	3,5
Tampão (m)	0,7
Comprimento de carga (m)	2,9
Volume unitário do explosivo (m³)	0,0004
Peso específico do explosivo (g/cm³)	1,12
Razão linear de carregamento (kg/m)	0,426
Incremento para as distâncias (m)	0,1

	Rochas c/ fraturas
Tipo de rocha	Muito oxidadas
Peso específico (g/cm³)	2,6
Relação de Poisson	0,27
Velocidade da onda P (m/s)	3.500
Resistência à tração (MPa)	2,1
% da resistência à tração (*)	80,0
Velocidade da partícula para escamar (mm/s)	231
Deformação (μmm/mm)	66

(*) - por causa das detonações anteriores

Ponto de avaliação a partir da boca do furo
Distância (m)

Superfície rochosa

xo (m) \ ro (m)	0,01	0,11	0,21	0,31	0,41	0,51	0,61	0,71	0,81	0,91
	Zona de tampão									
0,7	347	133	102	87	77	70	65	60	57	54
0,9	454	166	122	101	87	78	71	66	61	57
1,1	455	171	128	107	93	83	75	69	64	60
1,4	455	172	130	109	95	85	78	72	67	62
1,6	456	176	135	115	102	93	86	81	76	72
1,9	456	173	132	111	97	87	80	74	69	64
2,1	456	174	132	111	97	88	80	74	69	64
2,4	456	173	132	111	97	87	80	74	68	64
2,6	456	173	131	110	96	86	79	73	67	63
2,9	455	172	130	108	95	85	77	71	66	62

Zona de dano

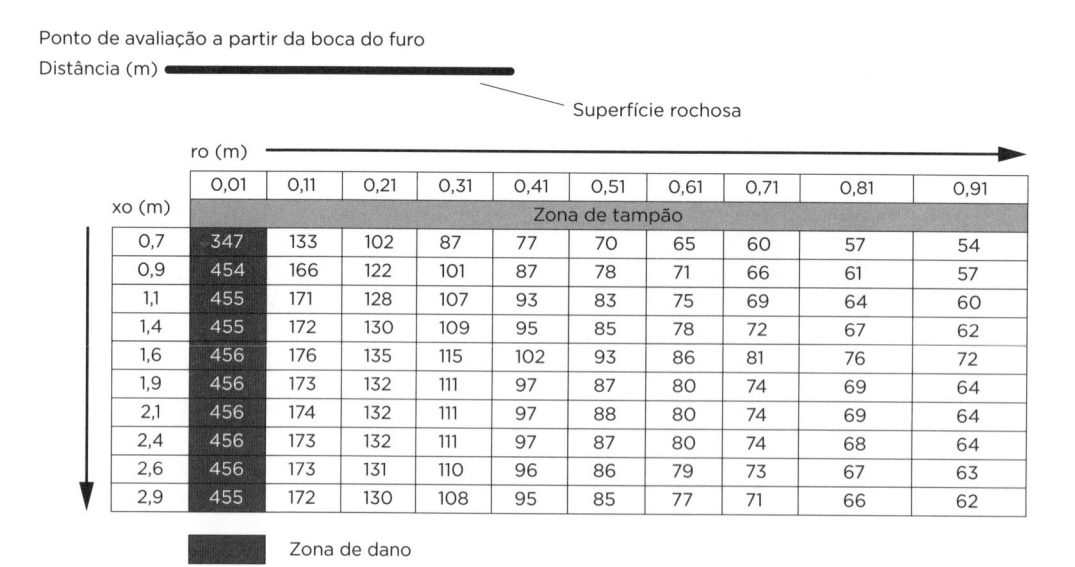

Fig. 3.5 *(continuação)*

Para um *overbreak* ser considerado geológico, ele precisa coincidir com as descontinuidades mapeadas no maciço e existentes anteriormente à detonação.

Apresenta-se na Fig. 3.6 um túnel onde os *overbreaks* coincidem com as famílias de descontinuidades J1, J2, J3 e J4, mapeadas no maciço do futuro túnel antes das detonações, mostrando claramente que, além dos *overbreaks* executivos, existem *overbreaks* geológicos.

Quanto maior a seção da abertura subterrânea, maior a distância que se pode prever entre o pilão (abertura inicial do túnel) e as paredes finais, sendo possível, assim, minimizar os *overbreaks*, como se verá adiante.

Apresentam-se em seguida os *overbreaks* medidos em três obras subterrâneas de túneis de adução em hidrelétricas, dois com mais de 150 m² de seção transversal e outro com menos de 20 m².

- Área da seção transversal de 163,5 m², maciço rochoso em basalto:
  - *overbreak* mínimo: 3,2%;
  - *overbreak* máximo: 12,8%;
  - *overbreak* médio: 7,5%.
- Área da seção transversal de 183,97 m², maciço rochoso em granito:
  - *overbreak* mínimo: 4,07%;
  - *overbreak* máximo: 13,64%;
  - *overbreak* médio: 8,15%.
- Área da seção transversal de 17,85 m², túnel de pequenas dimensões, maciço rochoso em tobas vulcânicas de composição andesítico-basáltica. Na distribuição dos *overbreaks* apresentada na Fig. 3.7, pode-se observar:
  - *overbreaks* mais frequentes situam-se entre 0,35 m e 0,40 m;
  - *overbreaks* em área atingiram 33%.

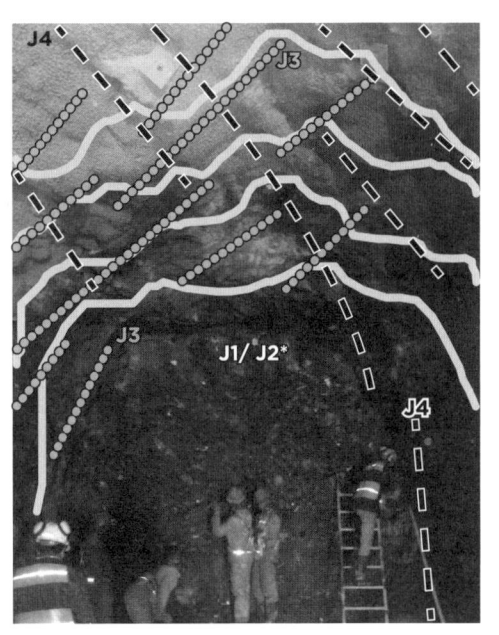

Túnel de adução

Estruturas geológicas que condicionam a escavação:
J1/J2: Juntas transversais ao túnel
J3: Juntas inclinadas
J4: Juntas subverticais
(associadas ao cisalhamento)

Fig. 3.6 Overbreaks *e estruturas geológicas preexistentes*

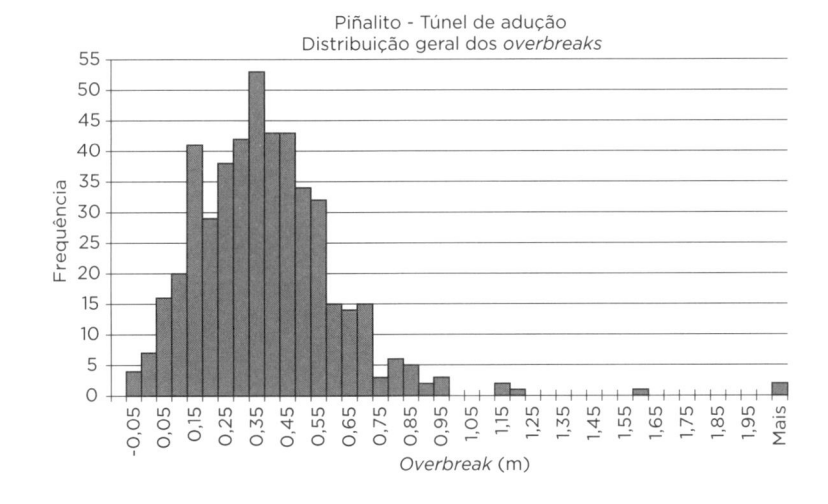

Fig. 3.7 *Distribuição de overbreaks no túnel de adução de Piñalito*

Para avanços de 4 m, os desvios sistemáticos são da ordem de 5 cm no emboque e 2 cm/m linear (para jumbos bem operados, com controle de paralelismo de furos), perfazendo um *overbreak* máximo de 13 cm ou médio de 6,5 cm, o que, para uma escavação de 100 m² de área, resulta em um *overbreak* sistemático de 2% a 3% da área.

Os dados medidos em diversas obras de túneis permitiram estabelecer os seguintes critérios para *overbreaks* médios, válidos para seções de mais de 100 m² de área:

- *boa execução*: até 8% da área da seção de projeto;
- *médias condições*: 8% a 12% da área;
- *piores condições*: mais que 12%.

As diferenças entre o *overbreak* executivo e o medido podem ser atribuídas a deficiências executivas (que podem ser corrigidas) ou a *overbreaks* geológicos.

3.5 Velocidades de vibração

É possível avaliar o intervalo da razão de carregamento em função da área da seção transversal do túnel a ser escavado. Quanto menor a seção, maior a razão de carregamento, pois o pilão ocupa quase toda a seção, e a ele corresponde a maior razão de carregamento. Os maiores danos se verificam com as detonações do pilão. O engenheiro Cintra atualizava seu gráfico de razão de carregamento em função da área transversal da obra subterrânea, como apresentado na Fig. 3.8.

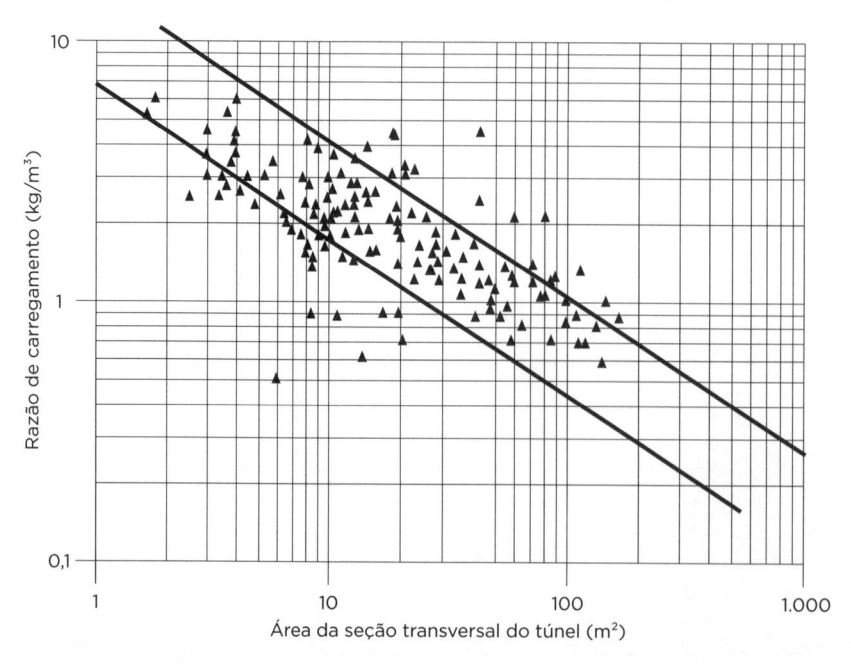

Fig. 3.8 *Razão de carregamento por área para aberturas subterrâneas, segundo Cintra (s.d.)*

3 Dinâmica de maciços rochosos | 65

Em obras subterrâneas, o maior impacto vem do pilão, como mostram as formas de onda das captações realizadas (Fig. 3.9).

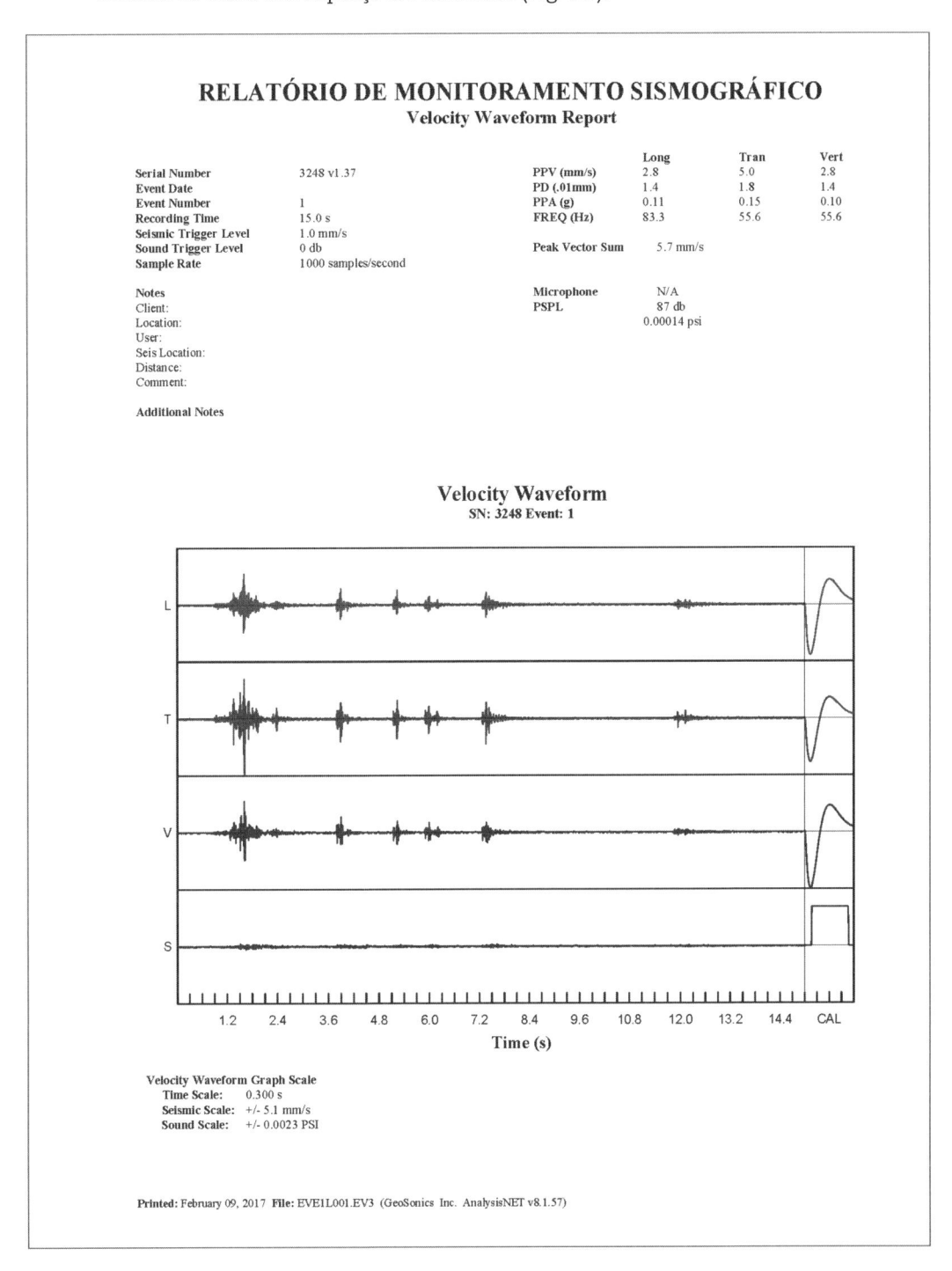

RELATÓRIO DE MONITORAMENTO SISMOGRÁFICO
Velocity Waveform Report

				Long	Tran	Vert
Serial Number	3248 v1.37		PPV (mm/s)	2.8	5.0	2.8
Event Date			PD (.01mm)	1.4	1.8	1.4
Event Number	1		PPA (g)	0.11	0.15	0.10
Recording Time	15.0 s		FREQ (Hz)	83.3	55.6	55.6
Seismic Trigger Level	1.0 mm/s					
Sound Trigger Level	0 db		Peak Vector Sum	5.7 mm/s		
Sample Rate	1000 samples/second					
Notes			Microphone	N/A		
Client:			PSPL	87 db		
Location:				0.00014 psi		
User:						
Seis Location:						
Distance:						
Comment:						

Additional Notes

Velocity Waveform
SN: 3248 Event: 1

[Waveform traces: L, T, V, S channels plotted against Time (s) from 1.2 to 14.4, with CAL at end]

Velocity Waveform Graph Scale
Time Scale: 0.300 s
Seismic Scale: +/- 5.1 mm/s
Sound Scale: +/- 0.0023 PSI

Printed: February 09, 2017 File: EVE1L001.EV3 (GeoSonics Inc. AnalysisNET v8.1.57)

Fig. 3.9 *Forma de onda captada em detonação subterrânea*
Fonte: *cortesia da Technoblast.*

4 Controle de danos

A seguir passa-se a tratar de como minimizar os efeitos danosos dos explosivos, tendo em vista as diversas interferências existentes na área de influência, tanto estruturais como no meio ambiente.

A metodologia a ser seguida para minimizar esses efeitos danosos inclui as seguintes etapas:
- identificar claramente quais são as limitações impostas pelo meio ambiente circundante: velocidade de vibração, impacto de ar, ultralançamento e pressão hidrodinâmica, se o desmonte for subaquático;
- adotar no projeto inicial leis de propagação de acordo com as condições geológicas e dos acessórios de detonação utilizados;
- adotar critérios de segurança e elaborar zonas de risco;
- monitorar as primeiras detonações e obter as leis de propagação adaptadas ao maciço rochoso local;
- adaptar os planos de fogo para as condições encontradas.

4.1 Controle de velocidade de vibração

Muito pouco se falava sobre controle de velocidade de vibração e planos de fogos cuidadosos até meados da década de 1960.

Nessa época foi feito um convênio com o IPT para assessorar as obras de hidrelétricas da Cesp, à época, Jupiá, Três Irmãos, Ilha Solteira, Xavantes, Promissão, Ibitinga, Capivara etc., e para monitorar os túneis do Sistema Cantareira, o que propiciou uma expansão tecnológica expressiva em São Paulo.

O aparelho disponível para medições, no começo, era um sismógrafo que pertencia à seção de Física das Construções do IPT e servia originalmente para monitorar as vibrações de máquinas.

Ao mesmo tempo, Leonardo Redaelli, engenheiro de minas nascido na Itália e naturalizado sueco, veio ao Brasil e introduziu nas hidrelétricas os fogos cuidadosos, incluindo a técnica de pré-fissuramento, ou *prespliting*, visando reduzir os danos nas paredes definitivas das escavações de hidrelétricas. Introduziu também as técnicas de *cushion blasting*, ou *smooth blasting*, visando um melhor acabamento de túneis.

No começo da década de 1970 realizou-se o primeiro curso de pós-graduação sobre Mecânica de Rochas, cujos trabalhos finais de desmonte de rochas foram compilados pelo autor deste livro e transformados em publicação.

Nesse ínterim, a Associação Paulista de Geologia Aplicada (APGA), que viria no futuro a se chamar ABGE, realizou, em outubro de 1971, em seu 3º Congresso, uma sessão sobre Geologia Aplicada e Mecânica das Rochas para obras subterrâneas. Um dos convidados era o professor Leonardo Redaelli, cujo relato sobre desmontes em obras subterrâneas é atual até hoje (Redaelli, 1971)..

Em 1974 foi apresentada por este autor uma dissertação de mestrado na Escola Politécnica da Universidade de São Paulo sobre a segurança nos desmontes de rochas, em que os principais critérios foram apresentados.

Em 1975 foi realizada por este autor e pelo engenheiro Hugo Takahashi, ex-assistente do IPT, a primeira implosão de edifício, o Mendes Caldeira, na praça da Sé, em São Paulo. Após o edifício do Largo do Machado, no Rio de Janeiro, vir abaixo sem utilização de explosivos, o engenheiro Hugo viria a realizar várias implosões, tal como a do Edifício da Cesp, na Avenida Paulista, em São Paulo, com grande sucesso.

Até hoje, os especialistas em implosão não têm conhecimento suficiente para realizar implosões submersas, nas quais é importante avaliar o efeito da água.

Em novembro de 1982 foi realizado o Simpósio sobre Escavações Subterrâneas, pela ABGE, no Rio de Janeiro, e vários outros se seguiram.

Um marco que não deve ser esquecido é a execução da rolha da barragem de Pirapora (*Pirapora lake tap*), pela Eletropaulo, em 1993. Um túnel extravasor foi executado a jusante da barragem de concreto existente, e uma rolha de rocha foi deixada para remoção posterior com explosivos, permitindo que as águas poluídas do rio Tietê adentrassem no vertedouro, cujas comportas já tinham sido executadas.

Desse tempo em diante, a tecnologia associada a desmontes com explosivos evoluiu muito, sendo atualmente utilizadas as emulsões, as linhas silenciosas, o ar nos furos (*airdeck*), o tampão de brita, entre outros.

Três pessoas nesse ramo merecem destaque. A primeira, o engenheiro de minas Benedicto Hadad Cintra, formado em Ouro Preto, que trabalhou durante décadas na Du Pont, maior fabricante de explosivos do País, e foi consultor de várias empresas. Cintra era um apaixonado pelos explosivos e seus efeitos. Ele e o autor desta obra realizaram juntos o desmonte de laje de rocha na mina de Timbopeba, em Mariana (MG), da Companhia Vale do Rio Doce, implosões de pontes e edifícios, e inúmeros serviços de controle de vibrações e impacto de ar. Um dos maiores desafios foi o rebaixamento da calha do rio Tietê, em São Paulo, onde os desmontes foram realizados protegendo-se os taludes da Avenida Marginal do Tietê, edificações, postos de combustível, hospitais, cabos de fibra ótica, tubos de gás e água, túneis, pontes etc.

A segunda, o engenheiro José Lucio Geraldi, morador do Rio de Janeiro, formado em Belo Horizonte, que tem vasta experiência na utilização de explosivos e seu controle, tendo publicado o livro O ABC das escavações em rocha (2011), e que ministrou e ministra vários cursos sobre esse assunto. O livro de Geraldi é uma leitura obrigatória por trazer os princípios básicos do desmonte de rocha com explosivos, desde a perfuração até os diversos métodos de escavação.

Não se poderia deixar de fazer referência ao geólogo Luiz Alberto Minicucci, com o qual o autor desta obra participou de diversos trabalhos, sendo um deles referente ao controle efetuado na usina hidrelétrica de Xingó (entre os Estados de Alagoas e Sergipe). Além disso, Minicucci participou ativamente de desmontes controlados para obtenção de blocos grandes para portos e graduação de fragmentação para diversas utilizações em portos e hidrelétricas, como será observado neste livro.

Não é possível esquecer os trabalhos realizados em minerações nesse período. Esse é o quadro que se conhece, pois a expansão dos controles efetuados para engenharia civil e mineração se deu significativamente nas últimas três ou quatro décadas.

4.2 Leis de propagação de vibrações

A lei de propagação de vibrações reflete a atenuação do efeito do explosivo com a distância. Ela utiliza a carga por espera e a distância escalada como parâmetros principais.

O que é carga por espera? É a carga de explosivo que age separadamente por meio de retardadores que vão desde alguns milissegundos até 100 ms, 200 ms para retardos de cordel, chegando a 700 ms para tubos de choque (SNETC).

Os retardos utilizados podem ser para ligações de cordel detonante, SNETC e espoleta eletrônica. Os sistemas de retardos elétricos não são mais usados devido aos riscos que apresentam.

Atualmente os retardos de tubos de choque e eletrônicos são preferidos em detonações urbanas em relação ao cordel detonante, por não provocarem grande impacto de ar. Os detonadores eletrônicos de iniciação representam avanço significativo no que se refere ao controle das velocidades de vibração, fragmentação e ultralançamento.

É importante frisar que a literatura internacional considera fogo instantâneo aquele realizado com retardadores abaixo de 9 ms, ou seja, não há separação entre cargas por espera devido à dispersão, que não permite confiar na precisão abaixo de 9 ms. Por consequência, reforça o efeito construtivo de ressonância das ondas. Isso certamente não vale para retardos eletrônicos, que conseguem separar eletronicamente as cargas por espera.

Qual a ideia dos retardos? Primeiro, separar as cargas totais em cargas menores que atuam independentemente e, segundo, introduzir uma dispersão de tempo que faz com que duas cargas por espera consecutivas não tenham chance de entrar em ressonância construtiva.

É mais fácil separar as diversas cargas por espera quando se trata de maciço rochoso. Nesses maciços, conforme proposto por Langefors, os retardos com intervalos maiores que três vezes o período de vibração não causam superposição de ondas. Já para maciços de qualidade mais pobre, e/ou grandes distâncias, é mais difícil separar os efeitos.

Recomenda-se a leitura da dissertação do engenheiro André Monteiro Klein sobre a aplicação da técnica de simulação para análise da superposição de ondas sísmicas gerada em desmonte de rocha pela dispersão dos tempos de retardo utilizando o método de Monte Carlo, de 2010.

Uma lei de propagação de velocidades de vibração precisa expressar claramente o valor de velocidade de vibração a ser encontrada a diversas distâncias da fonte do desmonte, aqui chamada de distância de captação. Cada lei encontrada tem sua faixa de aplicação:

- lei de *Langefors*: expressa em função de $Q/D^{3/2}$, é válida para pequenas cargas por espera a pequenas distâncias, como detonações muito próximas a residências ou ao meio ambiente a proteger;
- lei de *Devine*: expressa em função de $D/Q^{1/2}$, é utilizável para cargas médias por espera a médias distâncias, tais como os desmontes realizados em fundações de hidrelétricas;
- lei de *Ambraseys e Hendron*: expressa em função de $D/Q^{1/3}$, é aplicável para grandes cargas por espera e grandes distâncias, tais como os desmontes de minerações.

As equações são determinadas a partir do plano de fogo e das captações realizadas, com a respectiva distância. Assim, pode-se implantar na abcissa o valor da velocidade de vibração máxima captada pelo geofone e na coordenada o valor da distância escalada, como se pode ver na Fig. 4.1. Pode-se estabelecer a equação média, esperança matemática (valor esperado) da velocidade de vibração em função da carga por espera e da distância medida ao geofone.

Recomenda-se também obter a equação de máxima energia, segundo Dowding (1996), para 95% de confiança, que estabelece os valores máximos possíveis de

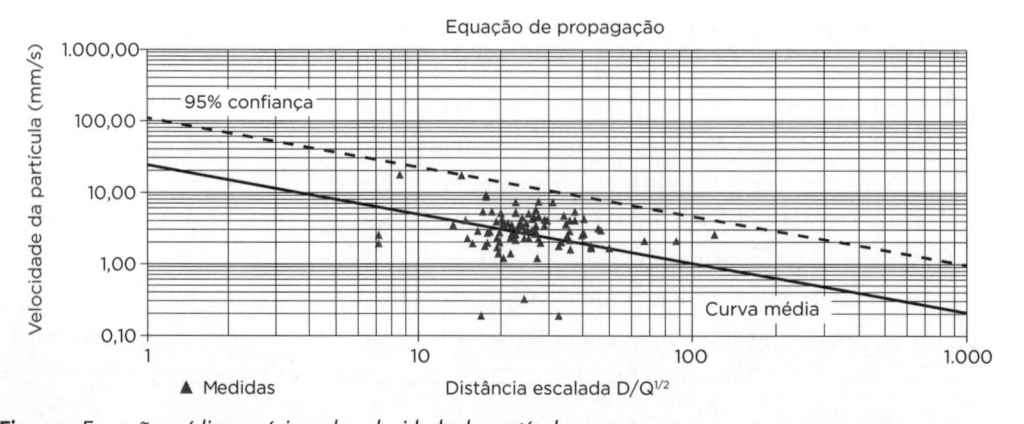

Fig. 4.1 *Equação média e máxima da velocidade de partícula*

serem obtidos dentro da dispersão dos dados assinalados, como apresentado em seguida.

$$\text{Média: } V_p = 108 \, (D/Q^{1/2})^{-1,09} \quad (4.1)$$

$$\text{Máxima energia: } V_p = 533 \, (D/Q^{1/2})^{-1,09} \quad (4.2)$$

em que V_p é dado em mm/s, Q (carga por espera) é dado em kg e D (distância) é dado em m.

Apresentam-se as leis de propagação de velocidades de vibração, determinadas segundo Devine, para obras a céu aberto e subterrâneas. Essa lei foi escolhida porque as cargas de explosivos e as distâncias são consideradas médias.

Por utilizar principalmente SNETC e espoleta eletrônica para obras subterrâneas, essas leis são apresentadas separadamente.

Tentou-se a princípio elaborar análises considerando as condições geológicas, mas os outros parâmetros da detonação e captação tornaram as análises excessivamente complexas. Além disso, ainda que as detonações fossem realizadas no maciço rochoso, as captações poderiam ter sido feitas em maciço rochoso, concreto, maciços alterados e de solo, dependendo do caminhamento do trem de onda. Por isso é difícil separar as análises quanto às condições geológicas.

4.2.1 Obras a céu aberto

A Tab. 4.1 mostra a experiência acumulada em obras a céu aberto, nas quais se utilizaram cargas por espera médias (entre 20 kg e 100 kg de explosivo), captadas a distâncias médias (30 m a 400 m).

Os maciços apresentados na Tab. 4.1 são constituídos por rochas duras, principalmente basaltos, granitos e gnaisses, a não ser pela UHE Estreito, onde havia arenitos brandos e silicificados.

Tab. 4.1 Desmontes a céu aberto

Obra	$K_{média}$	$K_{máx}$	n
Anta Simplício	500	1.126	−1,33
Eclusa Lajeado	178	904	−1,17
LLX - Morro da Mariquita	354	1.235	−1,38
Mina de Timbopeba	256	972	−1,37
Mina Onça Puma	102	358	−1,11
UHE Baguari	1.212	6.312	−1,23
UHE Estreito (arenitos)	1.213	5.511	−1,55
UHE Estreito (basaltos)	286	1.332	−1
UHE Foz do Chapecó	140	2.599	−0,89
UHE Jirau	482	1.385	−1,28
UHE Serra do Facão	19	64	−0,57

Observação: $K_{média}$ é o coeficiente K para a lei de propagação média, $K_{máx}$, o coeficiente K para a lei de propagação máxima, e n, o coeficiente da equação. Todos são característicos do maciço, representando a resposta à propagação de vibrações.

As Figs. 4.2 e 4.3 mostram as equações obtidas para as condições de máxima energia e energia média.

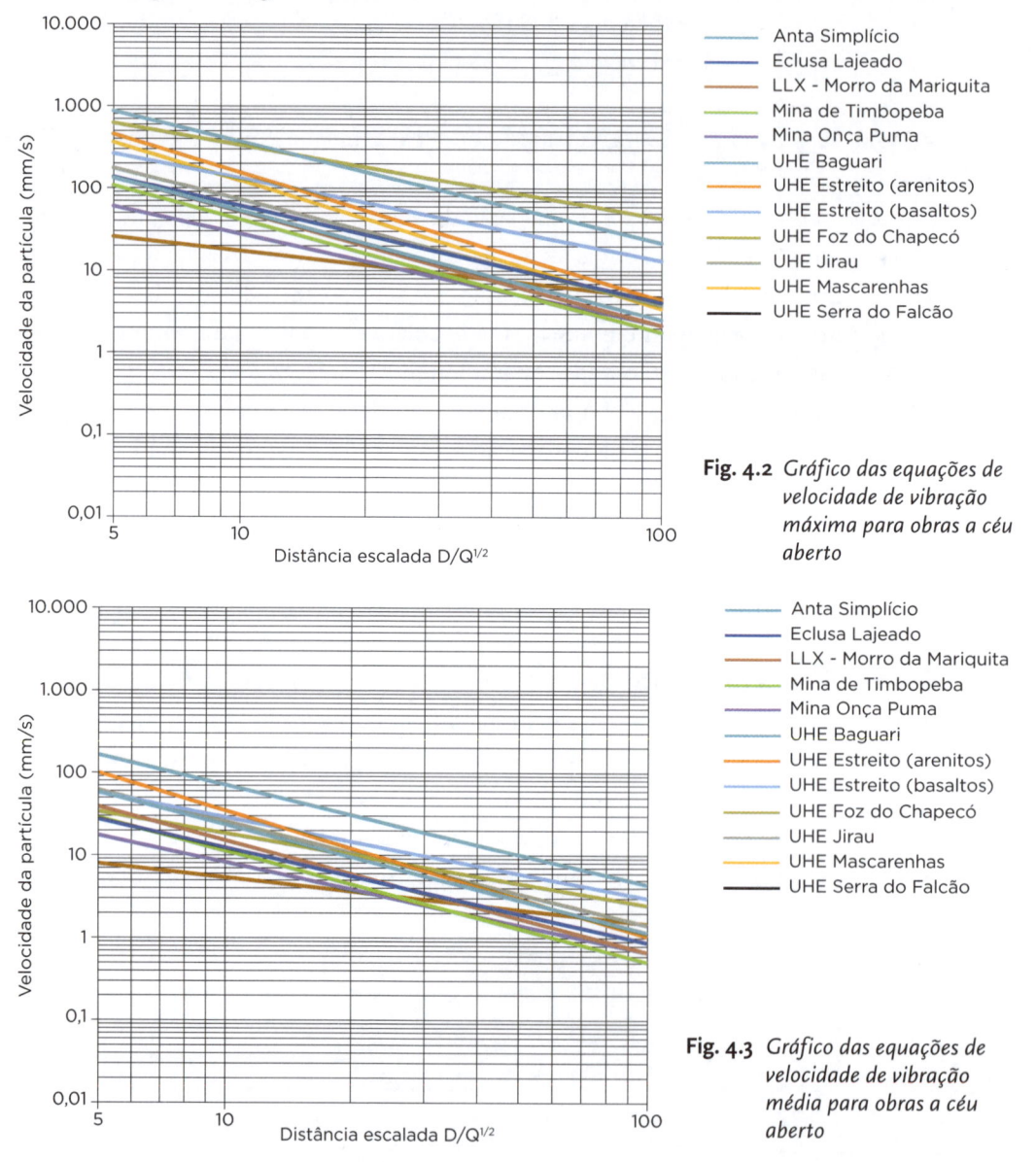

Fig. 4.2 *Gráfico das equações de velocidade de vibração máxima para obras a céu aberto*

Fig. 4.3 *Gráfico das equações de velocidade de vibração média para obras a céu aberto*

4.2.2 Obras subterrâneas

Para as obras subterrâneas, as cargas por espera variaram em geral de 5 kg a 50 kg de explosivo, e as distâncias, de 10 m a 200 m. A Tab. 4.2 exibe a experiência acumulada nesse tipo de obra.

A maioria das obras foi executada com cordel detonante, mas são apresentadas também detonações executadas com SNETC e espoletas eletrônicas.

4 Controle de danos | 73

As Figs. 4.4 e 4.5 apresentam as equações médias e de máxima energia obtidas em detonações subterrâneas.

Tab. 4.2 Desmontes subterrâneos

Obra	$K_{médio}$	$K_{máx.}$	a	Obra	$K_{médio}$	$K_{máx.}$	a
CVA – linha 4 (rebaixo + túnel)	51	201	−0,81	Metrô Rio – Emboque Barra	40	289	−0,91
Espoleta eletrônica	12	33	−0,47	Transrio	108	533	−1,09
SNETC	12	28	−0,36	Túnel Dois Leões	152	3.713	−0,98
Metrô Rio –Barra-Rocinha	8	20	−0,28	UHE Foz do Chapecó	423	2.359	−1,25

Observação: os maciços correspondem a rochas duras, principalmente basaltos, granitos e gnaisses.

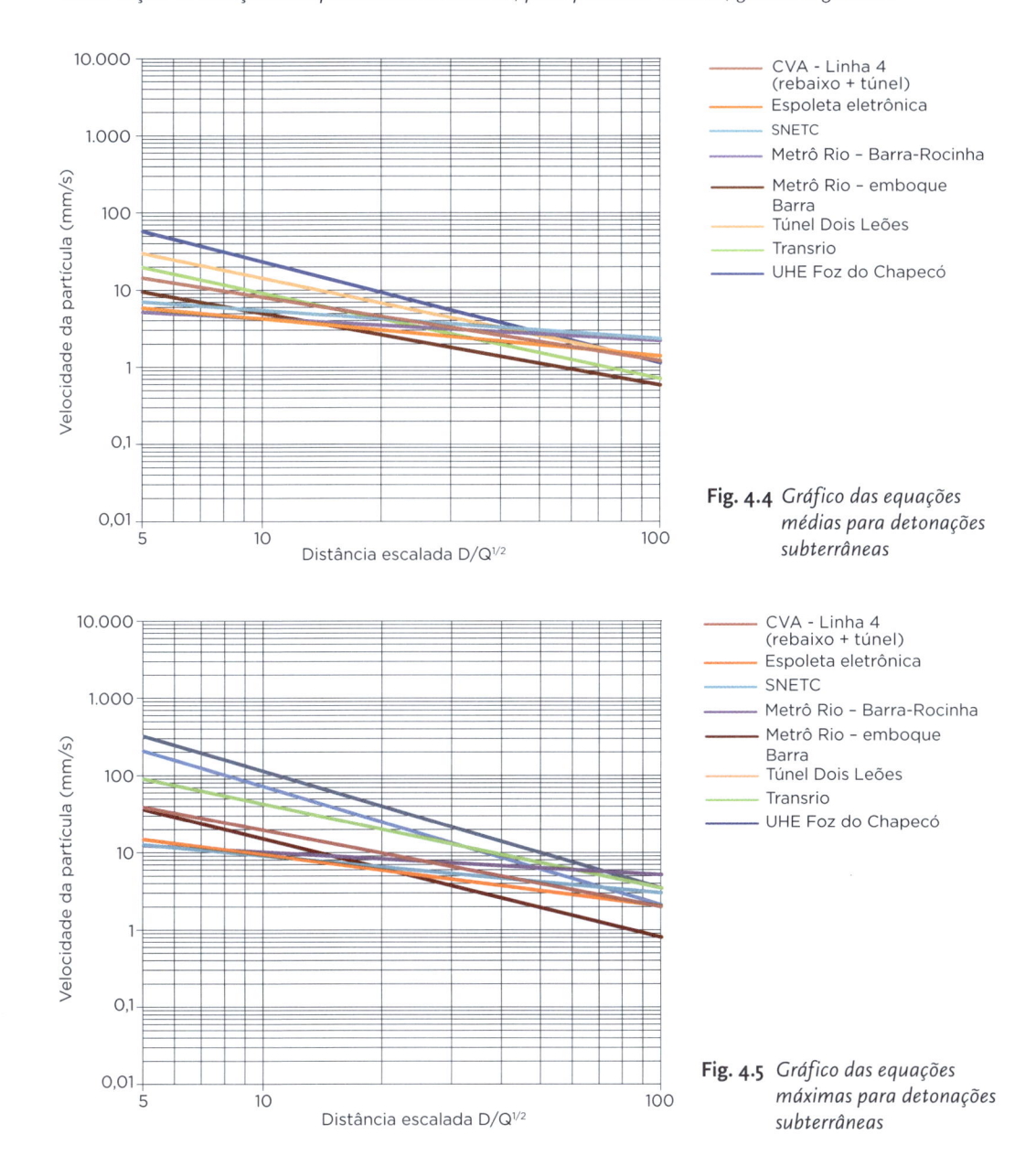

Fig. 4.4 Gráfico das equações médias para detonações subterrâneas

Fig. 4.5 Gráfico das equações máximas para detonações subterrâneas

4.3 Principais critérios de segurança

Os critérios de segurança a adotar dependem do tipo de estrutura a preservar, de seu estado e do meio ambiente. Não é razoável adotar os limites da norma NBR 9653 (ABNT, 2005) indiscriminadamente. Essa norma foi criada para a proteção de edificações nas vizinhanças de desmontes executados em mineração.

Os critérios devem ser ajustados e dependem do estado atual das edificações e do tipo das intercorrências próximas, seja talude em solo, ponte, fibra ótica ou tubulação de gás, por exemplo.

O critério de segurança tem que ser adaptado ao tipo de estrutura a ser protegida e seu estado atual. Edificações bem construídas podem tolerar níveis de vibração superiores aos das residências mal construídas que não tenham travamento nos caixilhos ou que apresentem gesso de má qualidade.

Além das edificações, há que se perturbar ao mínimo o meio ambiente na área de influência das detonações. Se for um desmonte em meio urbano, há que se preocupar com o pessoal que habita as residências, limitando os níveis de vibração e outros parâmetros do plano de fogo.

Para o meio ambiente, recomenda-se adotar a norma técnica D7.013, emitida pela Cetesb, em 2015, chamada de "Avaliação e monitoramento das operações de desmonte de rocha com uso de explosivo na mineração: procedimento", que recomenda 4,2 mm/s na resultante da velocidade de vibração como limite de segurança ao desconforto. Note-se que esse valor, adotado entre nós, não tem uma base teórica adequada. Muitos adotam o valor 6 mm/s, mas, se o caso for julgado pela Justiça, o valor proposto pela Cetesb prevalecerá.

Se a detonação for subaquática, a fauna marinha ou de rios, tais como peixes e tartarugas, deve ter critérios de nível de vibração e pressão hidrodinâmica específicos, visando preservá-la. Um aviso pode ser dado, através da detonação de cordel, para que a fauna, principalmente os peixes, retorne aos seus refúgios. Estudos científicos mostram que, dependendo do tipo de peixe, esse retorno às bases pode levar mais ou menos tempo.

4.3.1 Critérios de segurança para taludes em solo

O grande problema ligado à estabilidade é determinar se o talude pode vibrar em fase com a detonação. Como as frequências de vibração natural dos taludes em solo são baixas, estes são mais susceptíveis a sismos cuja frequência de vibração é baixa, ou ao decaimento das frequências superimpostas da detonação a grandes distâncias, quando as velocidades de vibração já estão suficientemente baixas.

Recomenda-se usar como critérios de segurança para taludes em solo:
- para velocidades de vibração baixas, menores que 20 Hz, as frequências do movimento podem fazer com que uma grande altura do talude se movimente

em fase devido ao efeito de ressonância construtiva, por um longo tempo, de maneira similar a um terremoto;

💣 para frequências de vibração maiores que 20 Hz, o talude e os tratamentos realizados para sua estabilização devem suportar as velocidades de vibração, de acordo com os critérios nacionais e internacionais.

Os critérios internacionais recomendados para taludes em solo constam na Tab. 4.3.

Tab. 4.3 Limite de velocidade da partícula

V_1 (mm/s)	V_2 (mm/s)
50	30

em que:
V_1 = limite de vibração em solo seco;
V_2 = limite de vibração em solo com presença de água.

Note-se que a diferença entre os critérios apresentados deve ser atribuída à possibilidade de aumento da poropressão com a presença de água, que pode mesmo levar à liquefação do talude.

Na detonação do septo da hidrelétrica de Tucuruí, no qual foram removidos aproximadamente 800.000 m³ de rocha, onde na base das ensecadeiras havia um aluvião, adotou-se inicialmente 30 mm/s, passando a 50 mm/s como velocidade de vibração limite. Ensaios realizados no material do aluvião, monitoramento das subpressões e monitoramento sismográfico permitiram realizar análises de estabilidade que autorizaram o aumento da velocidade de partícula no aluvião. Um acompanhamento com *borehole track* para medir o desvio de furação e escaneamento a laser da face de escavação mostrando o levantamento topográfico da face de escavação foi implantado, além de um controle sismográfico para monitorar as velocidades de vibração e o impacto de ar.

4.3.2 Critérios para os tratamentos aplicados aos taludes

Os tratamentos aplicados na estabilização de taludes (solo grampeado, tirantes, concreto e concreto projetado) precisam ser preservados durante as detonações e, para tanto, é necessário garantir que estas não afetem sua resistência.

Assim, é preciso conhecer a curva de ganho de resistência dos materiais utilizados (concreto, concreto projetado, calda de injeção dos tirantes e chumbadores) com o tempo, seu confinamento, e aplicar os diversos critérios de segurança para cada material.

4.3.3 Critérios de segurança internacionais

Os principais critérios de segurança existentes na literatura internacional, obtidos de Mining & Blasting Files (2009), são apresentados nas Tabs. 4.4 a 4.24, de acordo com diversos países e autores. Essas tabelas mostram claramente que as velocidades de vibração adotadas como critérios de segurança são em função do tipo de obra, da qualidade do seu estado e do meio ambiente em que estão inseridos.

As tabelas serão apresentadas em português e no Anexo 1 em inglês, para consultas na língua original em que foram redigidas. A sigla PPV estabelecida corresponde a *peak particle velocity*, ou seja, a máxima velocidade de vibração recomendada.

Normas de vibração por diferentes países e pesquisadores

Tab. 4.4 Limite admissível de vibração do terreno, PPV, em mm/s, prescrito pela DGMS (Índia)

Tipo de estrutura	Frequência dominante (Hz)		
	< 8	8-25	> 25
(A) Edificações/estruturas não pertencentes ao usuário			
1. Casas/estruturas residenciais	5	10	15
2. Edifícios industriais	10	20	25
3. Objetos de importância histórica e estruturas sensíveis	2	5	10
(B) Edificações com intervalo de vida limitado, pertencentes ao usuário			
1. Casas/estruturas residenciais	10	15	20
2. Edifícios industriais	15	25	50

Tab. 4.5 De acordo com a Instituição Indiana de Normas

Solo, condições alteradas ou moles	70 mm/s
Condições de rocha dura	100 mm/s

Tab. 4.6 De acordo com a norma CMRI

Tipo de estrutura	PPV (mm/s)	
	< 24 Hz	> 24 Hz
Casas residenciais, interior de poço seco, estruturas construídas com gesso, pontes	5,0	10,0
Edifícios industriais, aço ou concreto armado	12,5	25,5
Objeto de importância histórica, estruturas muito sensíveis, construções com mais de 50 anos e estruturas em condições precárias	2,0	5,0

Tab. 4.7 De acordo com a norma australiana (AS A-2183)

Tipo de estrutura	PPV no terreno (mm/s)
Edifício histórico, monumentos e edifícios de valor especial	2
Casas e edifícios residenciais baixos, e edifícios comerciais não incluídos abaixo	10
Edifícios comerciais e industriais, estruturas de concreto armado ou de aço	25

Tab. 4.8 De acordo com a norma australiana (CA-23-2183)

Tipo de estrutura	PPV no terreno (mm/s)
Edifícios históricos, monumentos e edifícios de valor especial	0,2 mm/s de deslocamento para frequência < 15 Hz
Casas, edifícios residenciais baixos e edifícios comerciais não incluídos abaixo	19 mm/s de resultante para frequências > 15 Hz
Edifícios comerciais e industriais, estruturas de concreto armado ou de aço	0,2 mm de deslocamento máximo correspondente a 12,5 mm/s a 10 Hz e 6,25 mm/s a 5 Hz

Tab. 4.9 De acordo com as normas da Hungria

Tipo de estrutura	Limite admissível (mm/s)
Construção requerendo proteção especial, militares, telefones, aeroportos, barragens, pontes com comprimento maior que 20 m	Opinião extra do perito
Construções danificadas estatisticamente não sólidas, templos, monumentos, poços de óleo e gás, tubulações (óleo e gás) com pressão de 0,17 MPa e abaixo de 0,7 MPa	2
Casas de painéis e estruturas estatisticamente não completamente determinadas	5
Estruturas estatisticamente em boas condições, torres, instalações elétricas, estação de tratamento de água	10
Concreto compactado a rolo, estruturas de concreto, túneis, canais e outras tubulações enterradas a mais de 0,7 m abaixo da superfície	20
Estrada pública, ferrovia, linhas de transmissão elétrica e telefônica	50

Tab. 4.10 De acordo com a norma russa

Tipo de estrutura	Admissível PPV (mm/s)	
	Ação repetida	Uma vez
Hospitais	8	30
Edifícios residenciais de grandes painéis e instituições infantis	15	30
Edifícios residenciais e públicos de todo tipo, exceto de grandes painéis Edifícios de escritórios e industriais que apresentam deformações, salas de caldeiras e chaminés altas de tijolos	30	60
Edifícios de escritórios e industriais, tubulações de concreto fortemente armadas Ferrovias e túneis para água, passagens de tráfego aéreo, taludes arenosos saturados	60	120
Galpões simples tipo edifícios industriais, estruturas de concreto armado de metal e blocos, taludes em solo que são parte das estruturas primárias, aberturas mineiras primárias (até 10 anos de vida de serviço) fundo de cava, entradas principais, galerias	120	240
Aberturas secundárias de mineração, vida útil até 3 anos, sistemas de transportes e galerias	240	480

Tab. 4.11 De acordo com a norma suíça

Tipo de estruturas	Intervalo da faixa de frequência (Hz)	Induzido por desmonte PPV (mm/s)	Induzido por tráfego/máquina PPV (mm/s)
Estruturas metálicas ou de concreto armado, tais como fábricas, muros de arrimo, pontes, torres metálicas, canais abertos, túneis e cavernas subterrâneas	10–60	30	–
	60–90	30–40	–
	10–30	–	12
	30–60	–	12–18

Tab. 4.11 (continuação)

Tipo de estruturas	Intervalo da faixa de frequência (Hz)	Induzido por desmonte PPV (mm/s)	Induzido por tráfego/máquina PPV (mm/s)
Edifícios com paredes de fundação e piso em concreto, poço em concreto ou alvenaria, túneis e cavernas subterrâneas com revestimento em alvenaria	10–60	18	–
	60–90	18–25	–
	10–30	–	8
	30–60	–	8–12
Edifícios com paredes em alvenaria e tetos em madeira	10–60	12	–
	60–90	12–18	–
	10–30	–	5
	30–60	–	5–8
Construções de interesse histórico ou outras estruturas sensíveis	10–60	8	–
	60–90	8–12	–
	10–30	–	3

Tab. 4.12 De acordo com Siskind et al.

Tipo de estruturas	PPV (mm/s) Frequência (< 40 Hz)	PPV (mm/s) Frequência (> 40 Hz)
Casas modernas, interior de *drywall*	18,75	50
Casas velhas de construção em gesso ou madeira	12,5	50

Tab. 4.13 De acordo com as normas da Suécia

Tipo de estruturas	Amplitude (mm)	Velocidade (mm/s)	Aceleração (mm/s²)
Bunker de concreto armado com aço	–	200	–
Apartamento moderno, alto, de blocos de concreto com projeto de estrutura metálica	0,4	100	–
Caverna subterrânea em rocha dura, vão 15–18 m	–	70–100	–
Bloco normal de apartamentos, paredes de tijolo ou equivalente	–	70	–
Edifícios de concreto leve	–	35	–
Museus nacionais suecos – estruturas dos edifícios	–	25	–
Museus nacionais suecos – exposições sensíveis	–	–	5
Centro de computação	0,1	–	2,5
Sala de controle de disjuntores	–	–	0,5–2,0

Parâmetros de vibração-limite

Tab. 4.14 Critério de danos por detonação para concreto massa (Tennessee Valley Authority e fator de distância)

Tempo decorrido de cura	Velocidade de partícula admissível In/s (mm/s)	Fator de Distância (DF)	Distância do desmonte (ft)	Distância do desmonte (m)
0–4 h	4 (100) × D.F.	–	–	–
4 h–1 dia	6 (150) × D.F.	1,0	0–50	0–15

Definição do Fator de Distância

Tab. 4.14 (continuação)

Tempo decorrido de cura	Velocidade de partícula admissível In/s (mm/s)	Definição do Fator de Distância		
		Fator de Distância (DF)	Distância do desmonte	
			(ft)	(m)
1 a 3 dias	9 (225) × D.F.	0,8	50–150	15–46
3 a 7 dias	12 (300) × D.F.	0,7	150–250	46–76
7 a 10 dias	5 (375) × D.F.	0,6	250+	76+
10 dias ou mais	20 (500) × D.F.	–	–	–

Tab. 4.15 De acordo com a norma alemã

Tipo de estrutura	Velocidade de partícula, de pico, PPV (mm/s) na fundação		
	< 10 Hz	10-50 Hz	50-100 Hz
Escritórios e instalações industriais	20	20-40	40-50
Casas residenciais e construções similares	5	5-15	15-20
Edifícios que não se enquadram acima, por causa da sua sensibilidade	3	3-8	8-10

Tab. 4.16 Sumário de critérios residenciais de acordo com Oriard

	Faixa de critérios e efeitos comuns em residências
0,5 in/s (12,7 mm/s)	Diretriz recomendada pelo USBM para construção com gesso ou argamassa próxima à superfície (longo prazo, grandes desmontes, baixas frequências de vibração) (RI-8507).
0,75 in/s (19,1 mm/s)	Diretriz recomendada pelo USBM para construção *sheet rock* próxima à mineração de superfície (RI-8507).
1,0 in/s (25,4 mm/s)	Limites regulatórios da OMS para residências próximas a operações de mineração em superfície, a distâncias de 301-5.000 pés (grandes desmontes a longo prazo).
2,0 in/s (50,8 mm/s)	Limite amplamente aceito para residências próximas a desmontes de construção e desmontes de pedreiras.(Boletim de Mineração 656, RI 8507, vários códigos, especificações e regulamentos). Também permitido pela OMS para frequências acima de 30 Hz.
5,4 in/s (137,0 mm/s)	Dano pequeno à casa média submetida a vibrações de pedreiras (Boletim de Mineração, 656).
5,4 in/s (229,0 mm/s)	Cerca de 90% de probabilidade de pequeno dano provocado por desmonte de construção ou pedreira. Danos estruturais a algumas casas. Depende das fontes de vibração, caráter das vibrações e da casa.
20 in/s (500,8 mm/s)	Para desmonte de construção muito próximo, danos menores para aproximadamente todas as casas vizinhas, danos estruturais a algumas. Umas poucas podem escapar dos danos integralmente. Para vibrações de baixa frequência, danos maiores à maioria das casas.

Nota: os critérios aqui apresentados são aplicáveis somente a residências, não a outras estruturas, instalações ou materiais.

Tab. 4.17 De acordo com Langefors et al.

Nenhum dano	< 50 mm/s
Fissuras	100 mm/s
Trincas	150 mm/s
Trinca severa	225 mm/s

Tab. 4.18 De acordo com Edwards e Northwood

Zona segura	< 50 mm/s
Zona de dano	100-150 mm/s

Tab. 4.19 De acordo com Duval e Fogelson

Danos maiores (95%)	50 mm/s

Tab. 4.20 De acordo com Nichols et al.

Zona segura (95%)	< 50 mm/s
Zona de perigo	> 50 mm/s

Tab. 4.21 Sumário de efeitos de vibração pelo terreno (vibração de desmonte, International Society of Explosives Engineers)

PPV (in/s)	PPV (mm/s)	Efeitos de vibração
0,001	0,0254	*Background* quieto
0,01	0,254	Limite da percepção humana para vibração contínua (físico)
0,03	0,762	Tráfego a 16 m
0,03	0,762	Trepidação notada das casas como resposta à vibração
0,06	1,524	Limite da percepção humana para vibrações transientes (físico)
0,10	2,54	Tráfego de caminhão em estrada irregular a 16 m
0,18-0,32	4,57-8,13	Trem a 20 pés
0,30	7,62	Rompedor de pavimento a 30 pés
0,50	12,70	Limite mínimo para extensão de trinca em gesso
0,50	12,70	Menor critério de segurança USBM (USBM RI-8507, para baixas frequências)
0,50	12,70	Típico barulho ambiental de atividades domésticas e forças naturais de vento, temperatura e umidade
0,70	17,78	Limite da ANSI para conforto humano: vibração contínua (S-3.18-1979)
0,75	19,05	Federal mais rigorosa para proteger casas de trincas cosméticas de desmontes a céu aberto em minas de carvão (OSM, para distâncias > 5.000 pés)
0,79	20,07	Menor nível para observar a extensão de trinca na parede (RI8507)
1,00	25,40	Limite federal para proteger casas de trincas cosméticas de desmontes a céu aberto em mineração de carvão (OMS, para distâncias de 301 a 5.000 pés)
1,20	30,48	Resposta da superestrutura de casas submetidas a vento de 62 mph (BOCA *code*, 10 psf)
1,25	31,75	Limite federal para proteger casas de trincas cosméticas de desmontes a céu aberto em mineração de carvão (OMS, para distâncias < 300 pés)
2,00	50,80	Recomendação do USBM para desmontes seguros de 1962 e 1971 (RI 5968 e B 656)
2,00	50,80	Limite adotado em muitos Estados para proteger casas de desmontes
2,00	50,80	Critério de segurança para trincas cosméticas em casas, originado de desmontes de alta frequência, tal como construção (USBM RI 8507)
2,00	50,80	Limite da ANSI para a saúde humana: vibração contínua (S-3.18-1979)

Tab. 4.21 (continuação)

PPV (in/s)	PPV (mm/s)	Efeitos de vibração
2,00	50,80	Vibrações mais altas geradas dentro das casas por andar, pular, bater portas etc.
4,00	101,6	Limite da ANSI para a saúde humana: vibração contínua (S-3.18)
5,00	127,0	Tolerância de vibração para instalações enterradas, incluindo poços e tubulações
5,00	127,0	Menor vibração de desmonte para provocar trincas em alvenaria
10,0	254,0	Limite de trincas em concreto massa
12,0	304,8	Limite de danos para trabalhos subterrâneos

Tab. 4.22 De acordo com Rosenthal e Morlock

Distância do local de desmonte (m)	Máxima admissível PPV (mm/s)
0 a 91,4	37,75
91,4 a 1.524,0	25,40
1.524 e acima	19,05

Normas de impacto de ar e limites

Tab. 4.23 Critério típico de impacto de ar de acordo com Oriard

1,0 psi (171 dBL)	Quebra generalizada de janelas
0,1 psi (151 dBL)	Quebra ocasional de janelas
0,029 psi (140 dBL)	Histórico com longo prazo de aplicação em especificações seguras de projeto
0,0145 psi (134 dBL)	Recomendação do USBM seguindo um estudo de grandes desmontes em minerações a céu aberto

Tab. 4.24 Limites de impacto de ar recomendados pelo USBM para mineração a céu aberto (RI 8485)

134 dBL	0,1 Hz sensibilidade do sistema de medida
133 dBL	2,0 Hz sensibilidade do sistema de medida
129 dBL	6,0 Hz sensibilidade do sistema de medida
105 dBL	C-escala de medidor de som (eventos menores ou iguais a 2 s de duração)

4.3.4 Zonas de risco

De posse das leis de propagação de vibrações obtidas em cada local e dos critérios de segurança, é possível elaborar as zonas de risco das detonações. Dois exemplos de desmonte são apresentados nas Figs. 4.6 e 4.7: eclusa de Tucuruí e um túnel urbano em Salvador (BA).

As zonas de risco da Fig. 4.6 englobam a região de remoção do pessoal até o final da obra (A), a região de evacuação de pessoal durante as detonações (B) e a região de ultralançamento resultante dos desmontes cuidadosos normais (C), obtida segundo o USBM. Essas zonas de risco foram calculadas para desmontes tipo desmonte não agressivo (DNA), conforme introduzido por Nieble e Cintra.

As edificações foram inspecionadas e classificadas quanto à qualidade das estruturas existentes: em mau estado, regular e satisfatório. A partir dos resul-

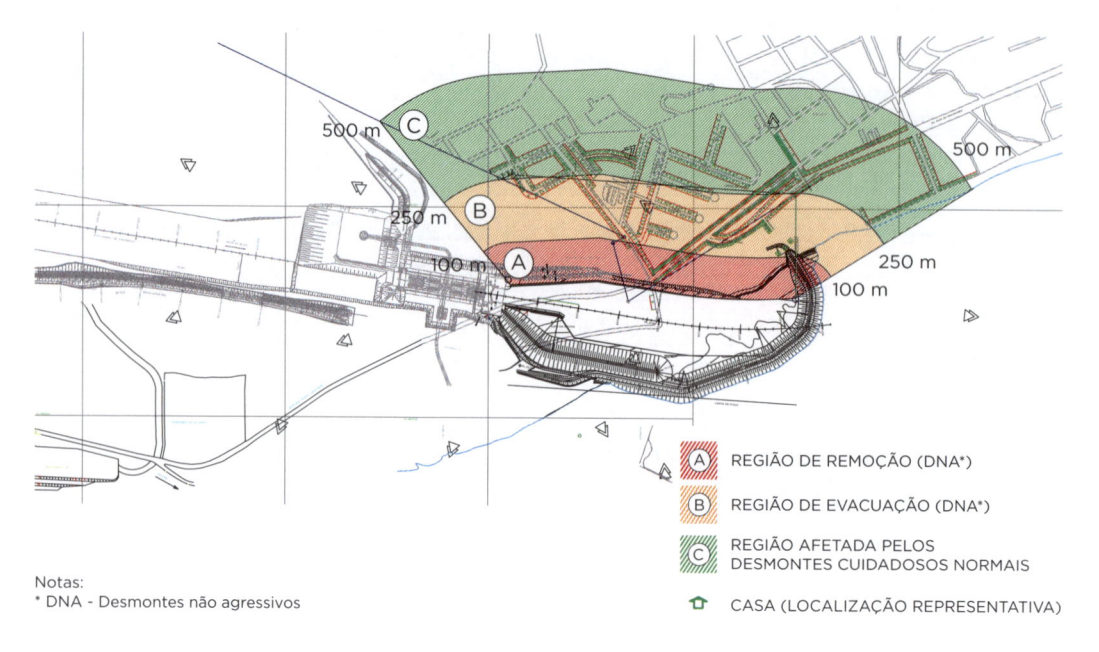

Fig. 4.6 *Zonas de risco de velocidade de vibração para os desmontes da eclusa da UHE Tucuruí*

Notas:
* DNA – Desmontes não agressivos

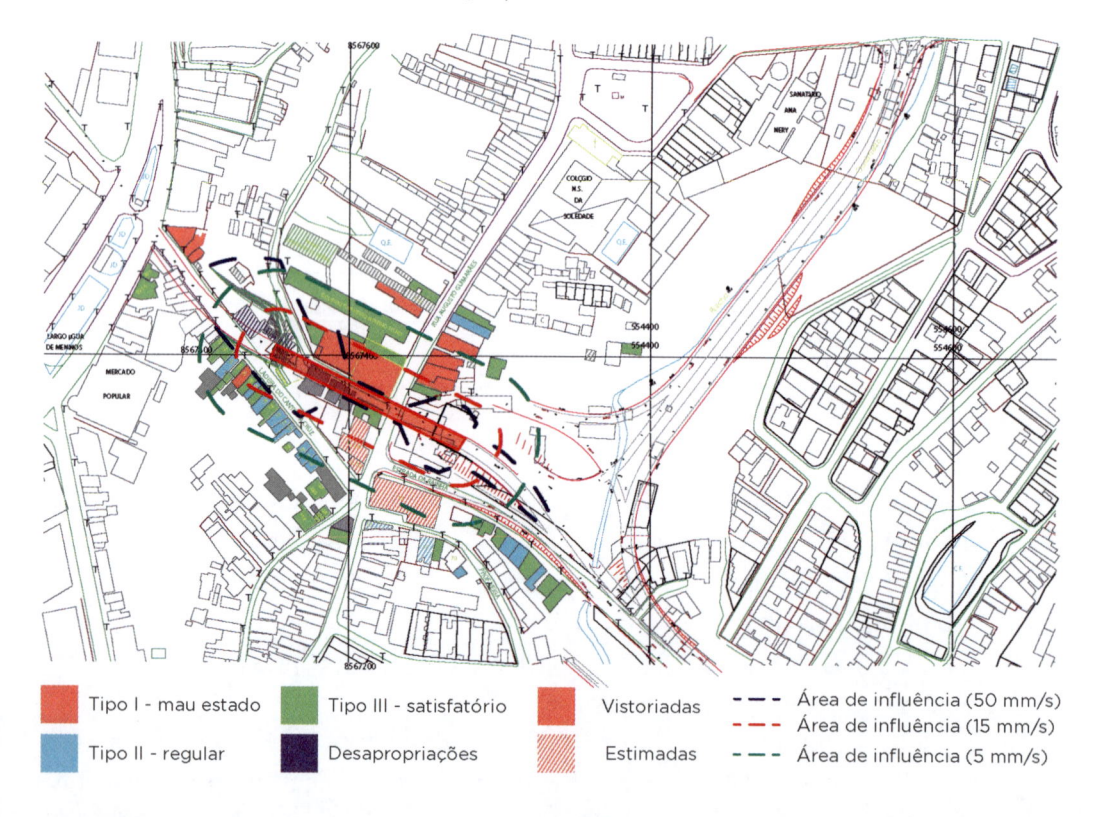

Legenda:
- A – REGIÃO DE REMOÇÃO (DNA*)
- B – REGIÃO DE EVACUAÇÃO (DNA*)
- C – REGIÃO AFETADA PELOS DESMONTES CUIDADOSOS NORMAIS
- CASA (LOCALIZAÇÃO REPRESENTATIVA)

Legenda Fig. 4.7:
- Tipo I – mau estado
- Tipo II – regular
- Tipo III – satisfatório
- Desapropriações
- Vistoriadas
- Estimadas
- — — Área de influência (50 mm/s)
- — — Área de influência (15 mm/s)
- — — Área de influência (5 mm/s)

Fig. 4.7 *Zonas de risco de vibração para estruturas e meio ambiente nas vizinhanças do Túnel Rainha, Salvador (BA), em função da avaliação do estado das edificações*

tados da monitoração sismográfica instalada, foi elaborado gráfico com as zonas de risco das detonações quanto às velocidades de vibração. Algumas residências foram desapropriadas. As zonas de risco para as estruturas foram delimitadas, concebidas como de boa qualidade (50 mm/s) e 15 mm/s e ainda proteção do meio ambiente, 5 mm/s.

Os avanços do túnel foram dimensionados pelas velocidades de vibração admissíveis para as residências em mau estado. Os moradores dessas residências foram evacuados durante a construção do túnel.

4.3.5 Impacto de ar

O impacto de ar da detonação é um dos grandes problemas associados à execução de obras em meio urbano. As principais respostas de estruturas e meio ambiente existentes na literatura internacional e no Brasil são apresentadas na Tab. 4.25.

Tab. 4.25 Pressão acústica e respostas estruturais e humanas

Pressão acústica (dBL)	Respostas, normas
180	Danos a estruturas
170	Quebra da maioria das vidraças
150	Quebra de algumas vidraças
140	Máximo – Osha
134	Máximo – USBM – ABNT
128	Nível seguro – USBM, Cetesb
120	Limite de dor para som contínuo
115	Limite de queixas – vibração de pratos e janelas
115	Máximo para 15 minutos – Osha
90	Máximo para 8 horas – Osha

O limite estabelecido pela NBR 9653 para detonações de lavra é 134 dBL, e 128 dBL é a recomendação da Cetesb visando à proteção do meio ambiente. As medições são realizadas em toda a área.

Não se deve detonar, tanto a céu aberto como de modo subterrâneo, utilizando cordel detonante e retardos de cordel em área urbana, pois provocam muito impacto de ar.

Recomenda-se utilizar a chamada linha silenciosa, com sistema de iniciação em cada furo, dispositivo coluna e retardador em superfície de SNETC. Por meio desse procedimento, limita-se a carga por espera à carga de cada furo e minimiza-se o impacto de ar. Esses dispositivos não eliminam, mas reduzem sensivelmente o impacto de ar no emboque de túneis e escavações a céu aberto em áreas habitadas.

Nos túneis de ventilação de metropolitanos, ou mesmo em emboques de túneis, em zonas urbanas, próximos a edificações, é usual recomendar-se manter uma rolha de rocha próxima de regiões habitadas. Essa rolha pode ser retirada numa única detonação posterior ou ainda por desmonte a frio, com o auxílio de serra diamantada, o que evita qualquer vibração e impacto de ar sobre o meio.

A Fig. 4.8 mostra as zonas de risco do mesmo túnel, em Salvador, onde foram colocados em vermelho os critérios para as estruturas, de acordo com a NBR 9653, e em verde, o critério de desconforto para o meio, estabelecido pela Cetesb, que só foi monitorado porque a velocidade de partícula era a condicionante. Está assinalado ainda o estado das estruturas vizinhas, classificadas em mau estado, regular ou satisfatório.

Como se pode ver na Fig. 4.9, a 250 m e mais se encontram valores de impacto de ar maiores que 128 dBL, valor-limite estabelecido para obras em zonas habitadas, de acordo com a Cetesb. Apesar dos valores altos, não houve danos ao meio ambiente.

As variáveis que influenciam o desenvolvimento do impacto de ar são apresentadas no Quadro 4.1.

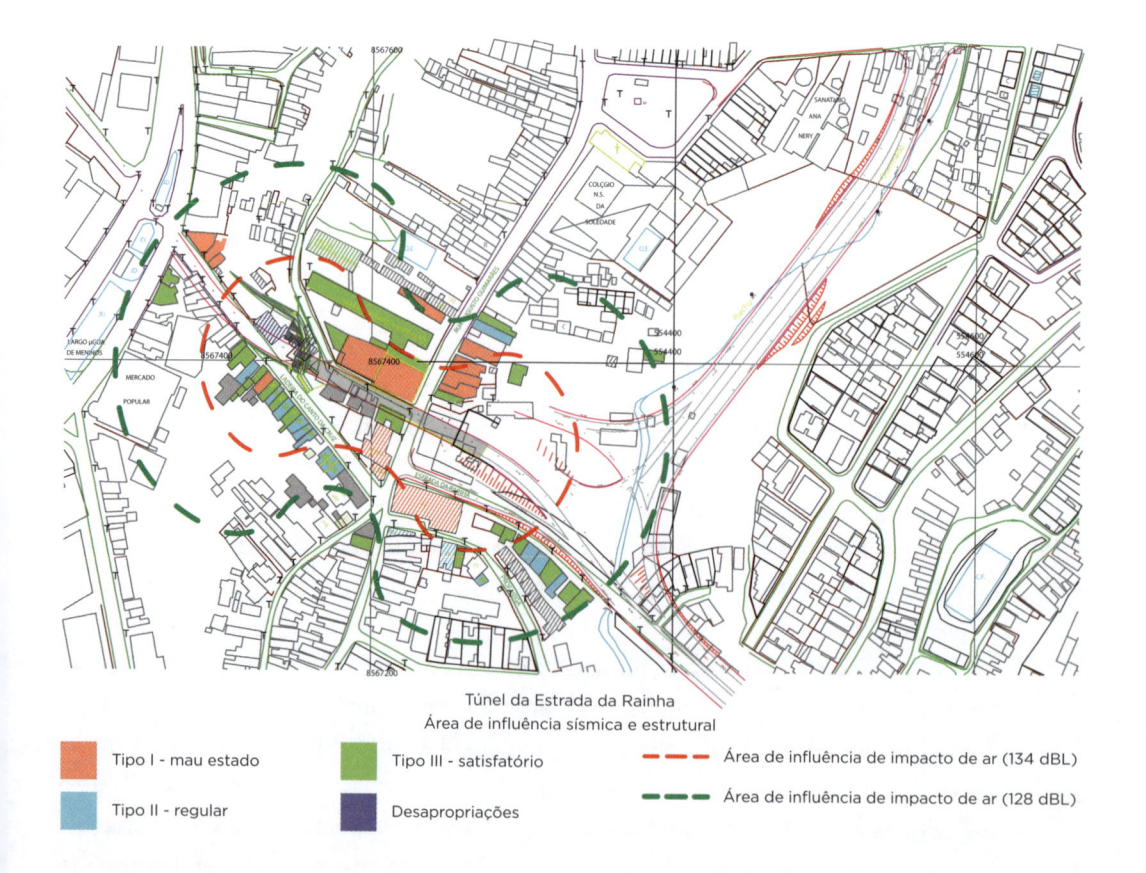

Fig. 4.8 *Zonas de risco para impacto de ar do túnel da Estrada da Rainha, Salvador-BA*

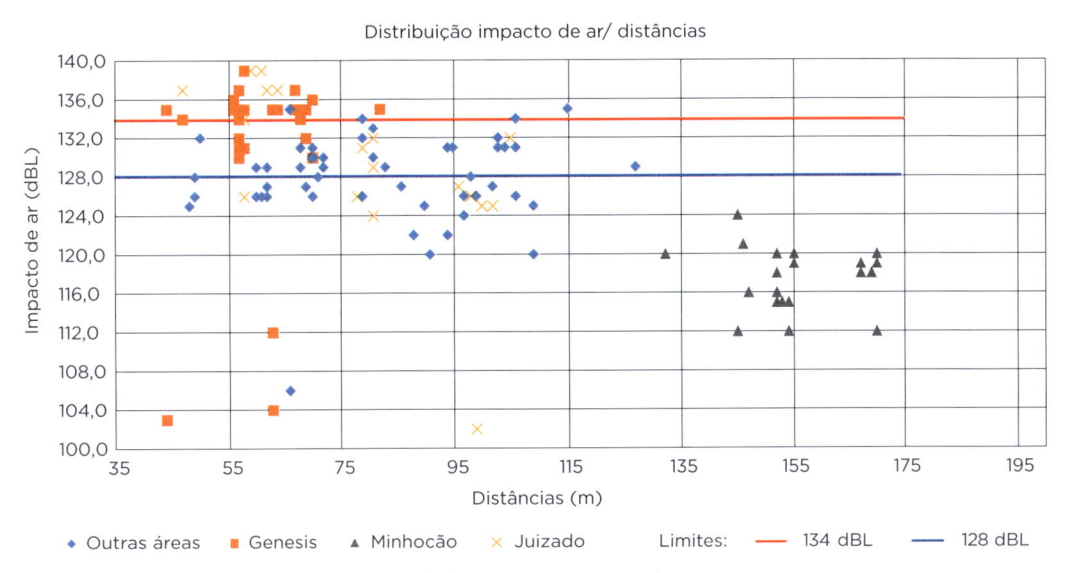

Fig. 4.9 *Impacto de ar originado pelo túnel aberto em zona povoada*

Quadro 4.1 Impacto de ar

Variáveis que controlam a operação	Significante	Moderada	Pequena
Carga máxima por espera	X		
Retardo	X		
Afastamento e espaçamento	X		
Tampão (dimensão)	X		
Tampão (tipo)	X		
Comprimento da carga e diâmetro	X		
Ângulo do furo	X		
Direção da iniciação	X		
Carga total do fogo			X
Cordel coberto ou não	X		
Confinamento da carga	X		
Superfície do terreno		X	
Tipo e profundidade do capeamento	X		
Vento e condições do tempo	X		

Em detonações a céu aberto, deve-se prestar atenção à direção em que está sendo realizado o desmonte, pois as velocidades de vibração e o impacto de ar atuam em sentido contrário, como se pode ver na Fig. 4.10.

4.3.6 Ultralançamento

Ultralançamento é o termo usualmente empregado para expressar a inesperada projeção de fragmentos de rocha a grandes distâncias. Tais fragmentos são também chamados de pombos-correio, ou *fly rock*. É o lançamento que atinge várias

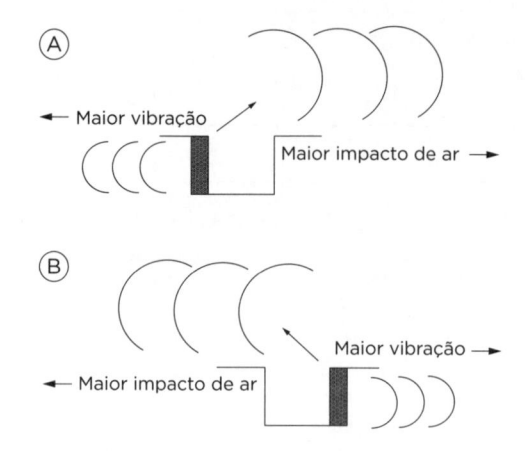

Fig. 4.10 *Direção da velocidade de vibração e impacto de ar*

vezes a distância do lançamento normal. Apenas ocorre em pequenas porcentagens e não pode ser estimado em alcance como no caso do lançamento normal.

O ultralançamento não aumenta necessariamente com o acréscimo da carga. Suas causas são bem distintas das que provocam um maior lançamento normal. A principal delas é devida ao fato dos gases encontrarem fendas através da rocha e por elas passarem a altas velocidades, numa forma concentrada e unidirecional, arrastando pequenos fragmentos que são atirados a longas distâncias. A falta de cuidado durante qualquer uma das fases do trabalho de desmonte, tais como dimensionamento da malha, perfuração, carregamento, escolha dos retardos e ligação, pode criar situações de ultralançamento.

Uma análise de 27 anos de acidentes nos Estados Unidos (1978-2005) ocorridos em mineração a céu aberto revela que o ultralançamento foi a segunda maior causa de acidentes. Outra análise recente demonstrou que entre 1994 e 2005 (12 anos) os acidentes fatais e não fatais para as minerações representaram 19% dos acidentes de detonação. De todos os fenômenos ligados ao desmonte e que agem nocivamente em relação ao meio ambiente, o ultralançamento é o que causa acidentes fatais em maior número.

Um bom plano de fogo e de carregamento, além de cobertura, é a forma de evitar o ultralançamento. Todavia, um bom plano não elimina a possibilidade de sua ocorrência. Mudanças na perfuração e/ou no carregamento não devem ser colocadas em prática sem estudo detalhado dos possíveis efeitos adversos de tal projeto. É importante lembrar que o ultralançamento pode geralmente ser acompanhado de impacto de ar e pode ocorrer na face e no topo da bancada. A Fig. 4.11 ilustra seus mecanismos típicos.

Há maior probabilidade de se verificar o ultralançamento na direção da frente, mas também pode ocorrer para trás do desmonte. A Fig. 4.12 ilustra as possíveis trajetórias

Fig. 4.11 *Três mecanismos-chave de ultralançamento, de acordo com Little (2007)*

do ultralançamento, adaptada de Little (2007). É possível visualizar que, embora as detonações sejam executadas em profundidade dentro da cava a céu aberto, o problema de *fly rock* existe, mesmo para trás da direção frontal do desmonte. Os ângulos de 45° e 75° das trajetórias na Fig. 4.12 correspondem aos maiores ultralançamentos na horizontal e vertical.

Quanto às previsões do ultralançamento para a delimitação das zonas de segurança, as seguintes formulações são utilizadas:

- 💣 Para desmontes de pedreiras, a recomendação do USBM, "Evaluation of Surface Mining Procedures", preconiza:

$$U = 600 \, D^{2/3} \tag{4.3}$$

em que U é a distância de ultralançamento em metros, e D, o diâmetro do furo em polegadas.

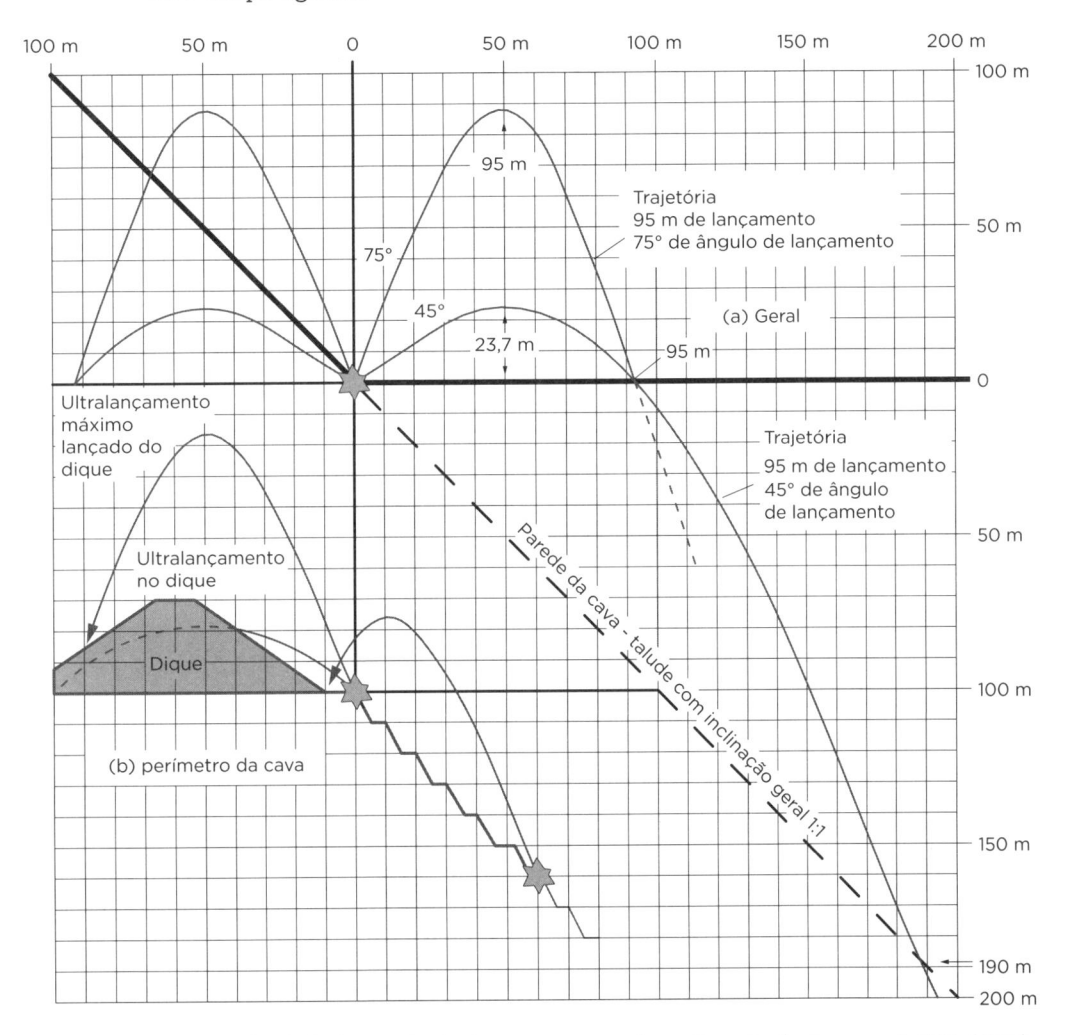

Fig. 4.12 *Possíveis trajetórias do fenômeno de ultralançamento em mineração a céu aberto, segundo Little (2007)*

💣 Para desmontes cuidadosos de engenharia civil, a recomendação de Gustafsson (1973) postula:

$$U = 260 \, (D/25)^{2/3} \qquad (4.4)$$

em que U é a distância de ultralançamento em metros, e D, o diâmetro do furo em milímetros.

Como se pode ver na Fig. 4.13, para furos de 2½" a zona de ultralançamento para os desmontes em obras de engenharia civil é da ordem de 500 m. Entretanto, é importante lembrar que a NBR 9653 diz que o ultralançamento não deve ocorrer, ou seja, não pode haver lançamento acidental fora da área de segurança estabelecida.

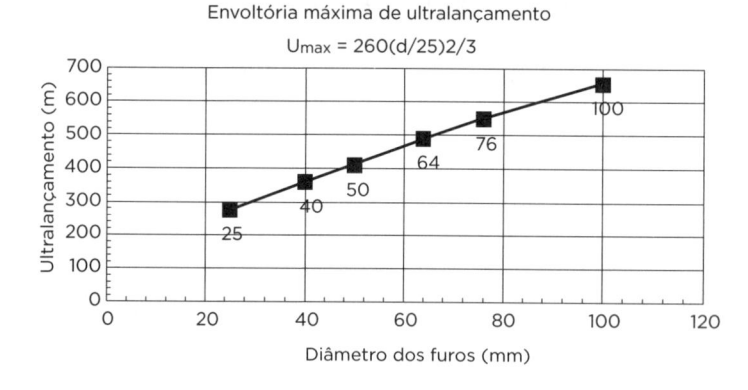

Fig. 4.13 *Gráfico mostrando envoltória de ultralançamento para desmontes cuidadosos em engenharia civil*

4.3.7 Zonas de detonação ou ultralançamento (ZD)

Enquanto as vibrações e o impacto de ar podem causar danos estruturais e desconforto, o lançamento de fragmentos pode causar danos letais aos vitimados.

As zonas de detonação ou ultralançamento (ZD) podem ser calculadas considerando as práticas adotadas e procedendo como recomendado.

O desmonte em pedreiras em zonas urbanas, utilizando perfuratrizes de 3½" e 4" e explosivos tipo Anfo ou emulsão, e ainda os desmontes em grandes minerações de ferro com a utilização de diâmetros até 9⅞", realizados muitas vezes nas imediações de instalações industriais, escritórios e similares, levaram ao desenvolvimento de uma nova tecnologia de desmonte não agressivo.

Essa tecnologia, desenvolvida inicialmente para minerações, foi adaptada e aplicada para o desmonte de rocha da segunda etapa de implantação da UHE de Tucuruí (Nieble; Aquino; Cintra, 2001), onde, além do problema de ultralançamento às linhas de transmissão, os aspectos de vibração, fragmentação e impacto de ar foram equacionados adequadamente.

A Fig. 4.14 mostra as diferenças entre um desmonte agressivo e um não agressivo. A técnica do DNA baseia-se principalmente em evitar a ejeção prematura do tampão e o lançamento de blocos da face, reduzindo praticamente a zero o ultralançamento — que pode ocorrer em razão de afastamento inadequado da primeira fileira em relação à frente de escavação. Quando a superfície da frente não é regular, o afastamento da primeira fileira diminui, o que gera ultralançamento. A técnica do DNA proporciona ainda ótimos resultados de fragmentação e pilha menos compacta da rocha fragmentada obtida na detonação, facilitando o manuseio.

A técnica do DNA preconiza o redimensionamento de todo o plano de fogo e um sistema de controle de todo o processo de implantação. A utilização de ar no furo (*air deck*) e o tampão dinâmico de brita em substituição ao pó de pedra usual são adotados, como mostrado na Fig. 4.15. O redimensionamento da malha de perfuração, o uso de *booster* (iniciador ou reforçador) no fundo do furo e a utilização de SNETC são características desses desmontes que visam reduzir a probabilidade de ultralançamento.

Deve-se executar um controle adequado do desvio de furação por meio de aparelhos tipo *bore track* e perfilagem a laser da face da bancada, ilustrados na Fig. 4.16, para adaptar o carregamento da primeira fileira de furos. Esses furos não devem ter inclinação com mais de 10 graus. Essa prática minimiza os desvios de furação. O carregamento dos furos é simultâneo à perfilagem da frente e a correção é aplicada no carregamento linear do furo: afastamento menor demanda carga menor.

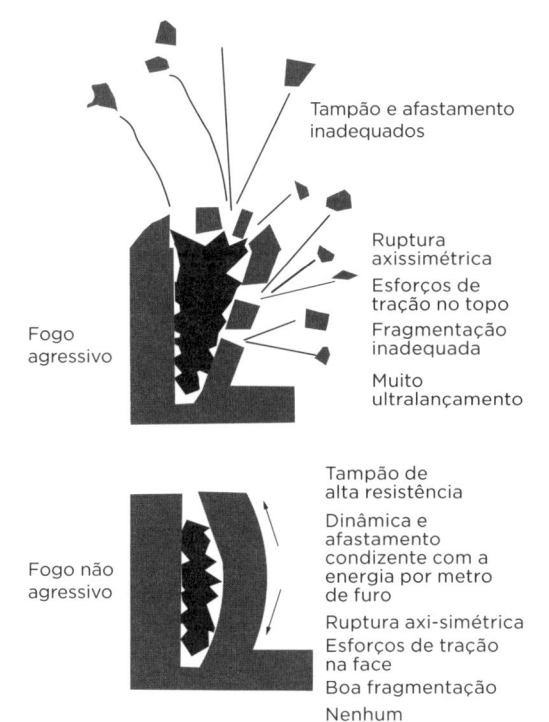

Fig. 4.14 *Fogo agressivo e fogo não agressivo (DNA)*

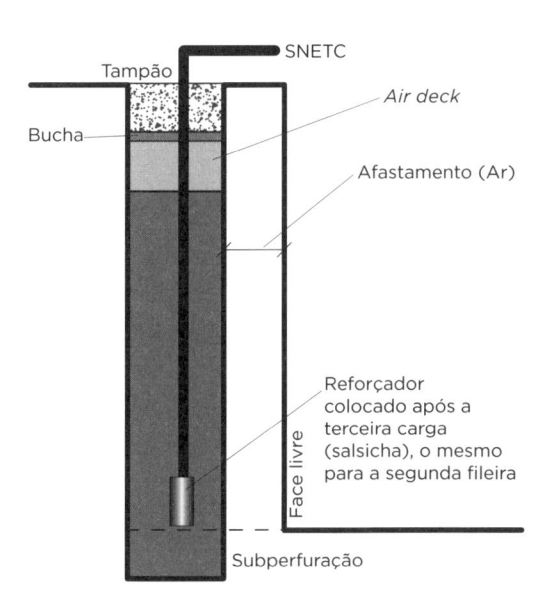

Fig. 4.15 *Utilização de* air deck. *Esquema para evitar ultralançamento*

Deve-se corrigir a concentração de explosivos da primeira linha de acordo com o afastamento real, e não o previsto.

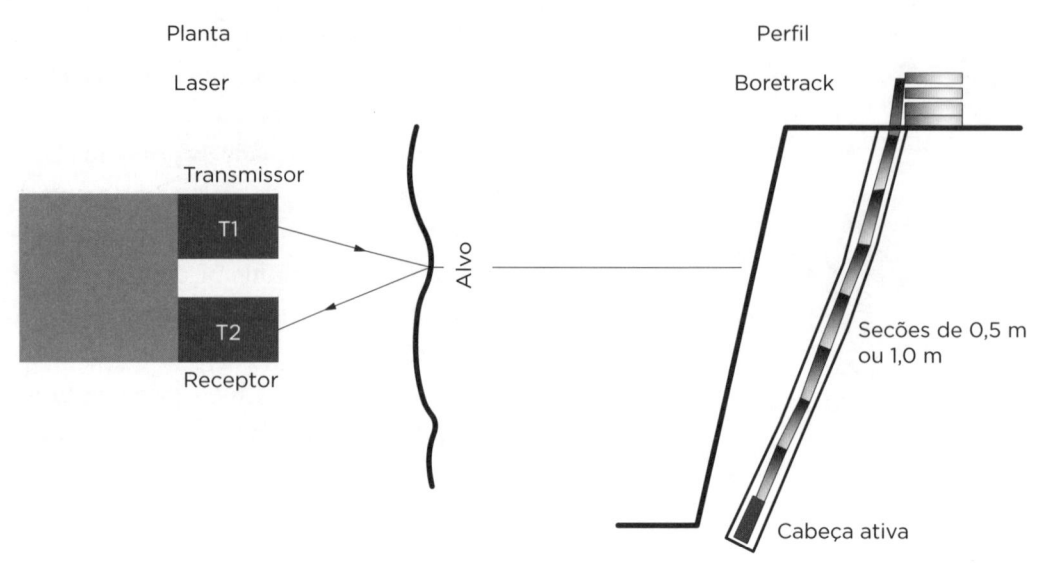

Fig. 4.16 *Esquema de utilização de bore track e escaneamento da frente de escavação*

Deve-se dimensionar as cargas por espera e empregar adequados intervalos de retardo para que os danos no entorno sejam mínimos e não produzam, pelas altas vibrações, blocos pré-formados para serem ultralançados. O resultado, além de minimizar o ultralançamento, garante melhor fragmentação para o fogo seguinte.

A utilização de câmaras de vídeo permite analisar os fogos detalhadamente. A Fig. 4.17 mostra um desmonte não agressivo, sem nenhuma ejeção de tampão e consequentemente menor probabilidade de ultralançamento.

4.3.8 Cálculo do ultralançamento

Segundo Nieble et al. (2003), as zonas de ultralançamento podem ser calculadas como segue:

$$ZD = K \times Rc \times Di^{(2/3)} \qquad (4.5)$$

Fig. 4.17 *Desmonte não agressivo*

em que:

K = constante cujo valor varia de acordo com o tipo de desmonte, sendo igual a 64 para desmontes especiais não cobertos – tipo 1, 28 para DNA1 – tipo 2, e 14 para DNA2 coberto – tipo 3;

Rc = razão de carregamento (kg/m³);

ZD = distância de ultralançamento (m), que corresponde ao raio de influência a partir do ponto de detonação;

Di = diâmetro do furo (mm).

Na Tab. 4.26, aplica-se, para o caso de um furo com diâmetro de 2½" e razão de carregamento de 0,4 kg/m³:

K = constante cujo valor varia conforme o tipo de desmonte;
Rc = razão de carregamento (kg/m³);
ZD = distância de ultralançamento (m);
Di = diâmetro do furo (mm) – adotado 2½" (64 mm).

Tab. 4.26 Detonação tipo

Detonação tipo	1	2	3
Razão de carregamento (kg/m³)	0,4	0,4	0,4
Raio da zona de risco (m)	400	170	87
Raio – valor prático (m)	400	170	< 90
K		64	28	< 10

O raio de ultralançamento depende da espessura e do tipo de cobertura, e pode ser reduzido a alguns metros.

Os esquemas de fogo tipo DNA, como preconizado por Nieble e Cintra, minimizam o ultralançamento, pois se baseiam em tampão e afastamento adequados. Deve-se corrigir a concentração de explosivos da primeira linha em função do afastamento real, e não do teórico (projetado).

Se as coberturas do fogo forem muito bem feitas, o coeficiente K e, consequentemente, o raio da zona de ultralançamento podem ser reduzidos ao mínimo possível para evitar evacuação de pessoal das edificações vizinhas.

Numa pedreira em zona urbana, o ultralançamento de um fragmento atingiu 287 m, chegando até casas existentes nas imediações, como mostra a Fig. 4.18. A adoção de fogos tipo DNA cobertos permitiu que as escavações fossem até muito próximo das residências.

Uma das opções é utilizar *air deck* e coberturas nos furos, como implantado na UHE Mascarenhas de Moraes (Oriard, 2005), conforme se pode ver na Fig. 4.19.

Em alguns lugares, o ultralançamento de fragmentos poderia atingir a linha de transmissão, o que foi evitado quando foi feita a detonação do septo de rocha abaixo da linha, adotando procedimentos apoiados em detonações tipo DNA, com escaneamento das faces de bancada (*laser scanning*) e medidas de desvio dos furos de perfuração (*borehole track*).

As principais recomendações para realizar um desmonte não agressivo são:
- utilizar explosivos adequados às características de resposta dinâmica do maciço rochoso;
- utilizar acessórios de detonação que garantam que não haja falhas e garantam a sequência adequada do fogo, sem que haja inversão na sequência;
- utilizar espoletas não elétricas em reforçadores (*boosters*) que garantam a iniciação da coluna de detonação no fundo do furo;
- tornar a forma do desmonte adequada, cuidando da geometria do fogo a detonar para prevenir que haja grandes engastes;
- garantir que a relação *afastamento × altura de bancada* seja compatível, chamada razão de flexibilidade do desmonte — valor que vai estabelecer se o desmonte

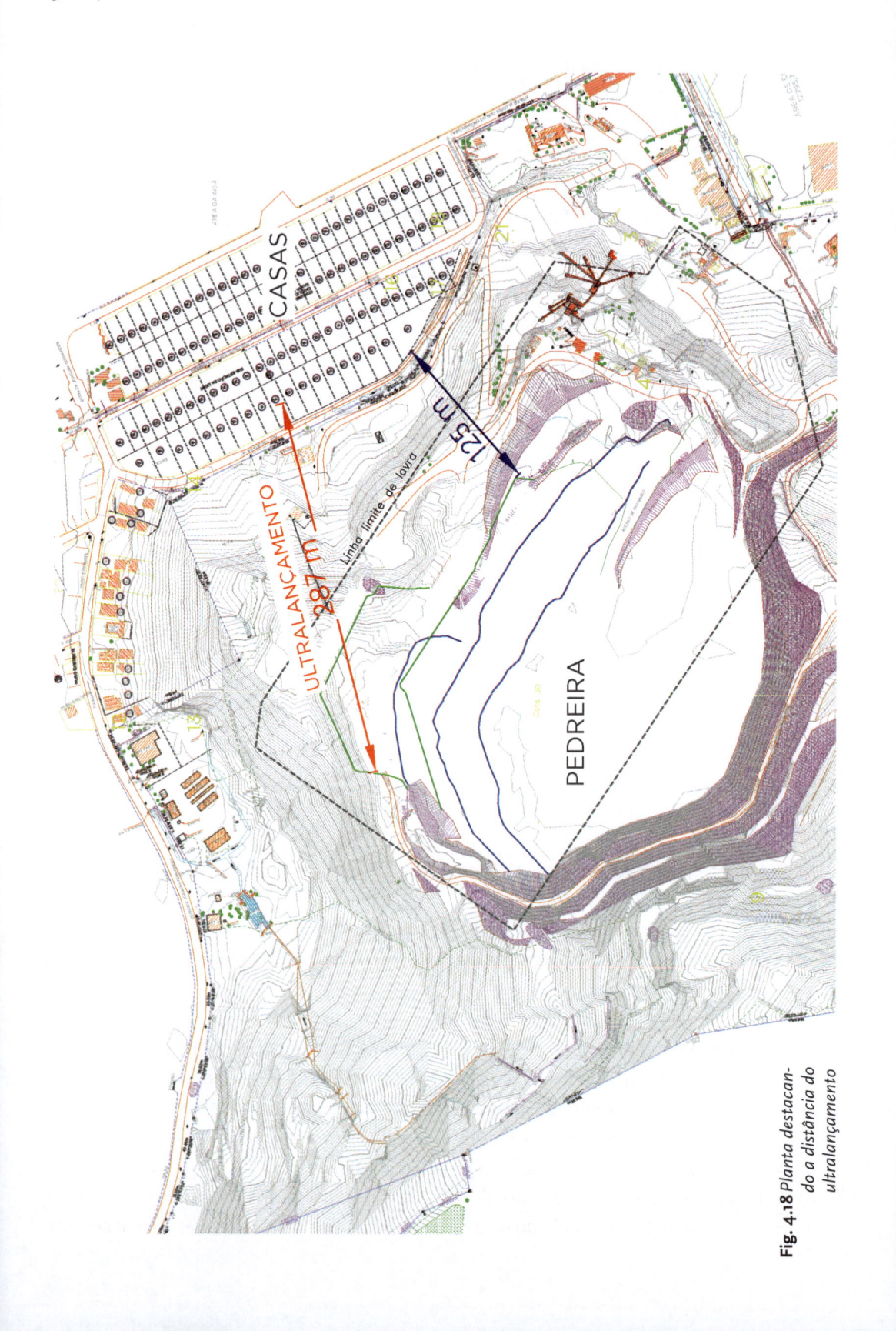

Fig. 4.18 *Planta destacando a distância do ultralançamento*

Fig. 4.19 *Esquema de minimização do ultralançamento, utilizado na UHE Mascarenhas de Moraes*

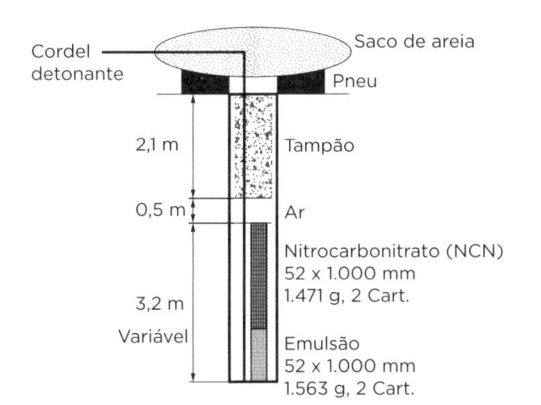

Diâmetro do furo = 76 mm
Afastamento = 1,5 m
Espaçamento = 3,0 m
Subperfuração = 1,3 m
Altura da bancada = 4,5 m (variável)
Razão de carregamento = 0,280 a 0,300 kg/m³ sólido

Legendas do esquema:
- Cordel detonante
- Saco de areia
- Pneu
- 2,1 m — Tampão
- 0,5 m — Ar
- 3,2 m Variável — Nitrocarbonitrato (NCN) 52 × 1.000 mm, 1.471 g, 2 Cart.
- Emulsão 52 × 1.000 mm, 1.563 g, 2 Cart.

será bem feito. Por exemplo, para uma altura de bancada de 10 m, não se pode usar um afastamento de 4 m, pois não fragmentaria nada;

- utilizar tampão de resistência dinâmica adequada, que confine os gases da detonação, de maneira que a energia do explosivo possa romper a rocha antes que o material do tampão seja ejetado para fora do furo;
- utilizar escalonamento a ar (*air deck*) abaixo do tampão, que assegure que a energia potencial do explosivo seja transferida ao meio sólido, triturando e quebrando a rocha antes que haja a ejeção do tampão — essa é a principal causa do ultralançamento;
- executar um controle do desvio da furação por meio de aparelhos tipo *bore track*;
- executar perfilagem da face por meio de raio laser, de maneira a adaptar o afastamento e o carregamento dos furos às reentrâncias e saliências da face;
- executar um controle adequado de vibrações e impacto de ar, dimensionando as cargas por espera e intervalos de retardos;
- utilizar a câmara de vídeo de alta velocidade para analisar cada fogo detalhadamente.

É mais fácil cobrir o topo da bancada com material natural ou artificial do que sua face.

Em hidrelétricas em construção, as detonações podem levar a ultralançamentos, que podem atingir a linha de transmissão em construção ou existente, como já ocorreu em muitos lugares. A adoção de furos de menor diâmetro, menor razão de carregamento, *air deck* e cobertura do fogo é essencial para preservar a linha de transmissão contra o lançamento acidental de fragmentos que podem atingi-la, causando lacerações da proteção dos fios da linha ou até o desligamento de energia da linha.

Atualmente, dispõe-se de coberturas de aço ou de pneus, estas fabricadas e disponíveis no Brasil. O material de cobertura deve satisfazer às seguintes exigências:

- considerável resistência;
- coesão;
- flexibilidade;

- ser pesado;
- relativamente maciço;
- permeável à passagem de gases;
- manter-se posicionado.

Há vários tipos de material de cobertura:

- esteiras de borracha;
- toras de bananeira, de palha ou de madeira amarradas;
- malhas de cabo de aço ou anéis de aço;
- malhas de arame ou anéis de arame;
- malhas de náilon e/ou borracha;
- malhas de pneus;
- tecido elastômero semicondutivo;
- tecido de polipropileno.

Cuidados também devem ser tomados quando o material de cobertura é impermeável à passagem dos gases, pois estes ficarão retidos sob a cobertura e poderão causar um acidente no momento de sua retirada. Recomenda-se cobrir os furos com uma das seguintes opções:

- coberturas com solos, areias ou pó de pedra. Podem evitar todo o tipo de ultralançamento, desde que sejam isentos de fragmentos e sejam colocados com 2 ou 3 m de espessura, com camada de geomanta drenante intermediária. Normalmente, usa-se esteira de britador intermediária em fogos de pilão ou levante, geralmente os iniciais desse processo;
- mais modernamente, *blast mats*, constituídas por cabos de aço ou solas de pneus interligadas por cabos de aço, pesando mais de 3 t, em painéis de 12 m², podem ser utilizadas para cobrir o desmonte, resultando em maior agilidade na cobertura.

Uma opção é utilizar maior cobertura natural e superpor os *blast mats* feitos de pneus trançados com cabo de aço e disponíveis no mercado brasileiro. Esses *blast mats* possuem os seguintes dados técnicos:

- espessura total: 27 cm;
- área abrangida: 12 m²;
- cabos de aço novos com núcleos de aço, espaçados de 45 cm de distância, a fim de fornecer uma sólida estrutura interna para a manta; todos os cabos são duplamente fixados;
- com o peso de 230 kg/m² e o total de 2.760 kg, é costurado por oito pernas de cabo de aço de 14,5 mm.

4.3.9 Pressão hidrodinâmica

O esquema para a detonação da rolha da barragem de Pirapora (*lake tap*) (Eletropaulo, 1993) é apresentado na Fig. 4.20.

Fig. 4.20 *Esquema de detonação da rolha da barragem de Pirapora (lake tap)*

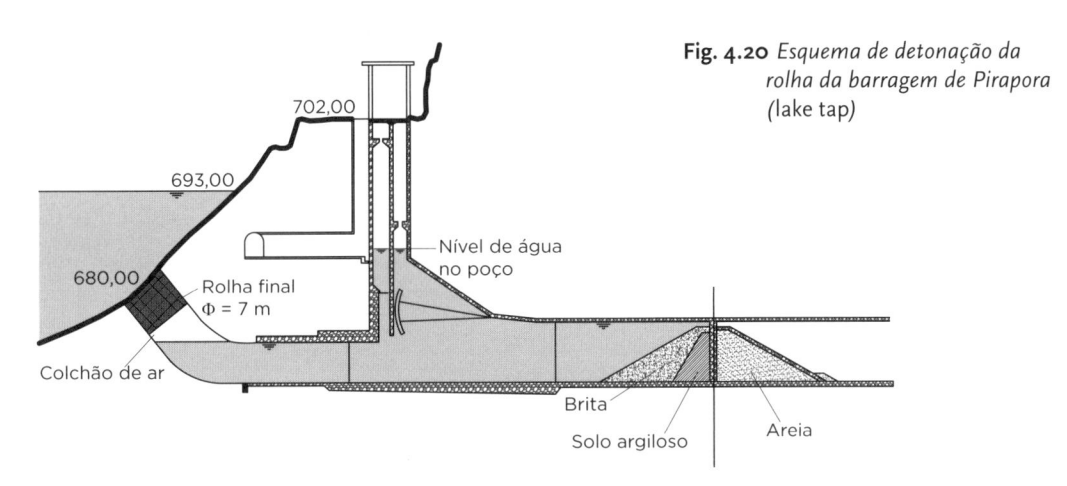

O vertedouro complementar da barragem, em túnel, foi construído de jusante para montante, deixando-se uma rolha de 7 m de diâmetro e 7 m de comprimento junto ao rio Tietê (coluna de água externa de 13 m) para ser detonada por último. Todas as instalações necessárias estavam construídas, incluindo as comportas.

Providenciou-se um colchão de ar abaixo da rolha, para que os explosivos colocados na rolha não tivessem contato com a água e, assim, não exercessem pressões hidrodinâmicas nas comportas. Encheu-se com água o recinto, com uma barragem que não permitiria o fluxo de água para jusante. Esse fluxo para jusante poderia ser incontrolável, causando grandes danos.

Uma armadilha de rocha, *rock trap*, inicialmente colocada a jusante da rolha, para acomodar seu entulho, não foi necessária em razão dos resultados dos modelos hidráulicos de escala 1:50, desenvolvidos no Chile e em São Paulo, que evidenciaram que o entulho funcionaria como efeito "pipoca", causando danos ao revestimento do túnel.

Os ensaios em modelo hidráulico mostraram claramente que o entulho da detonação podia ser retirado pelo controle da abertura da comporta.

A rolha de rocha foi previamente injetada, tratada com tirantes de resina e submetida a uma concretagem submersa, para preencher os vazios existentes e garantir o perfeito controle da detonação. Para mais detalhes, recomenda-se a leitura de *Túnel de Pirapora: aspectos de projeto e construção*, livro editado pela Eletropaulo que mostra os aspectos inovadores com que essa obra contribuiu.

Nos desmontes para rebaixamento da calha do rio Tietê, para ampliação da vazão de operação, utilizou-se o esquema apresentado na Fig. 4.21. Nesses desmontes submersos de rebaixamento da calha do rio Tietê, ao longo de 24 km junto à via Marginal do Tietê, dentro da Região Metropolitana de São Paulo, utilizaram-se os critérios de segurança apresentados na Tab. 4.27.

Na Tab. 4.28 apresentam-se os principais critérios de segurança utilizados nas detonações realizadas próximo à hidrelétrica Mascarenhas de Moraes, com base em experiência anterior, em Cachoeira Dourada etc. (Nieble et al., 2003).

Das detonações submersas realizadas com monitoramento durante o rebaixamento da calha do rio Tietê, obtiveram-se as correlações entre a velocidade de vibração, a carga e a distância da captação. Analogamente, obteve-se o impacto de ar.

Lei de propagação das velocidades de vibração obtida no rebaixamento da calha do Tietê:

$$V_p = 200 \, (D/Q^{1/2})^{-0,935} \tag{4.6}$$

em que V_p é dado em mm/s, D, em m, e Q, em kg.

Impacto de ar:

$$Pa \, (95\% \, confiança) = \\ = 176,7(D/Q^{1/3})^{-0,08} \tag{4.7}$$

em que Pa é dado em dB, D, em m, e Q, em kg.

Nos casos em que precisa haver controle, recomenda-se, com vistas a diminuir a pressão hidrodinâmica:

- 💣 que seja evitado o uso de cargas não confinadas. Sabe-se que a pressão hidrodinâmica é reduzida a menos de 10% quando o explosivo se encontra confinado dentro do furo;
- 💣 que os furos sejam bem tamponados;
- 💣 que se adotem barreiras artificiais constituídas por barreiras de ar comprimido.

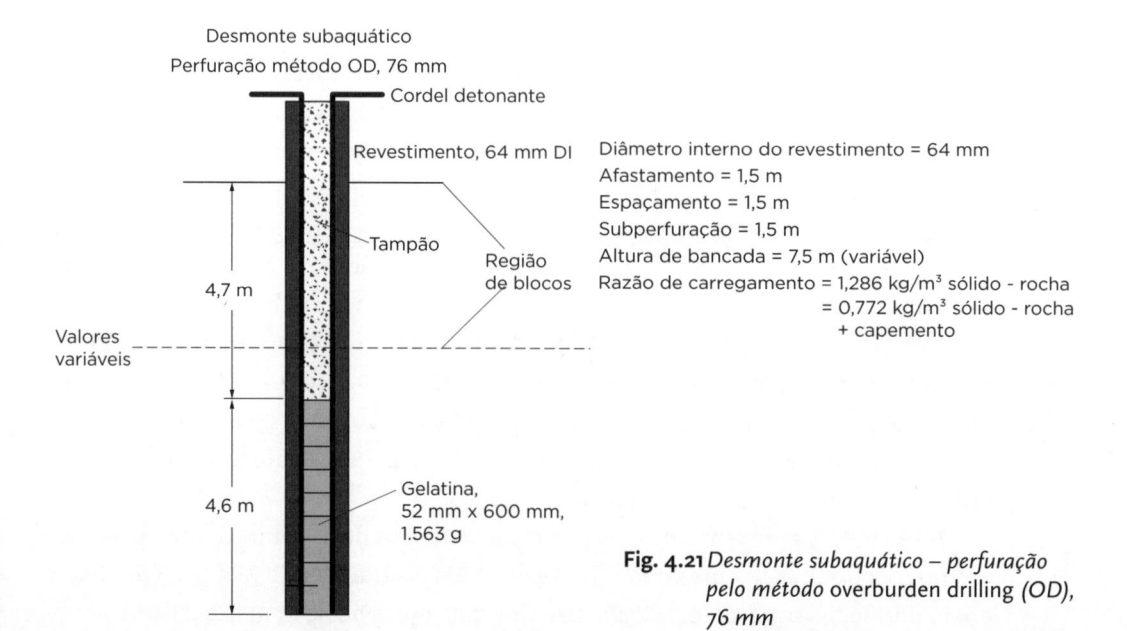

Fig. 4.21 Desmonte subaquático – perfuração pelo método overburden drilling (OD), 76 mm

Desmonte subaquático
Perfuração método OD, 76 mm

- Cordel detonante
- Revestimento, 64 mm DI
- Tampão
- Região de blocos
- Gelatina, 52 mm x 600 mm, 1.563 g

4,7 m
4,6 m
Valores variáveis

Diâmetro interno do revestimento = 64 mm
Afastamento = 1,5 m
Espaçamento = 1,5 m
Subperfuração = 1,5 m
Altura de bancada = 7,5 m (variável)
Razão de carregamento = 1,286 kg/m³ sólido - rocha
= 0,772 kg/m³ sólido - rocha + capemento

Tab. 4.27 Critérios de segurança adotados no rebaixamento da calha do rio Tietê

Estrutura	Velocidade de vibração máxima (mm/s)
Ponte	50 a 178(1)
Rocha	50 a 380(2)
Urbana	15 (ABNT)
Hospital	6
Edifício histórico	7
Duto	50
Galeria em bom estado	150 a 300
Galeria em estado deformado	70 a 100
Poços	50
Estação telefônica	50
Estação de televisão	35
Torres de alta tensão	50
Fauna	(3)
Ser humano	4,2 (Cetesb)

(1) Depende do estado da estrutura.
(2) Depende da rocha.
(3) Emitir aviso 1 segundo antes da detonação e/ou implantar cortina de ar comprimido.

Tab. 4.28 Critérios de segurança adotados nas detonações próximo à hidrelétrica Mascarenhas de Moraes

Estrutura	Velocidade de vibração (mm/s)	Pressão hidrodinâmica (Atm)
Comporta	100	1,7
Concreto	300	3
Conduto forçado da turbina	60	1,6
Relê	36	-

Peixes e fauna

Em fogos onde se possa sentir os efeitos da pressão hidrodinâmica, além do aviso sonoro para a fauna, deve-se emitir aviso sonoro para peixes, dando tempo suficiente para que saiam da zona de mortandade (P > 0,3 atm) antes que se detone o fogo principal. Tempos muito grandes podem matar peixes porque a tendência é que voltem ao local do ruído, atendendo à natural curiosidade. Uma opção é utilizar a cortina de ar no entorno da escavação.

Cargas confinadas em furos

Nieble et al. (2003) propõem uma equação para a previsão adequada da pressão hidrodinâmica. Os dados foram obtidos por monitoração por meio de transdutores hidrodinâmicos colocados em diversas obras, como também ilustra a Fig. 4.22.

$Ph = 7,2DE^{-0,58}$ – para cargas confinadas – ver gráfico da Fig. 4.22

em que:

Ph = pressão hidrodinâmica máxima (Atm);

DE = distância escalada (m/kg$^{1/3}$).

O método da cortina de ar foi sugerido por Lapraire, C. I. L., Canadá, e o efeito é descrito por R. C. Jacobsen, A. T. Edwards e outros (Langefors; Kihlstrom, 1963). A cortina de ar é produzida colocando-se tubos na base da escavação, através dos quais o ar é injetado. Bolhas saem por orifícios de pequenas dimensões e alcançam a superfície da água. Quando a onda de choque atinge a cortina de ar, parte dela é absorvida pelas bolhas. Elas são comprimidas por frações de milissegundos e emitem, durante esse tempo, ondas de compressão com menor valor máximo, em todas as direções. Parte da onda de choque que passa entre as bolhas possui pressão máxima reduzida e se dissipa mais rapidamente do que a onda original.

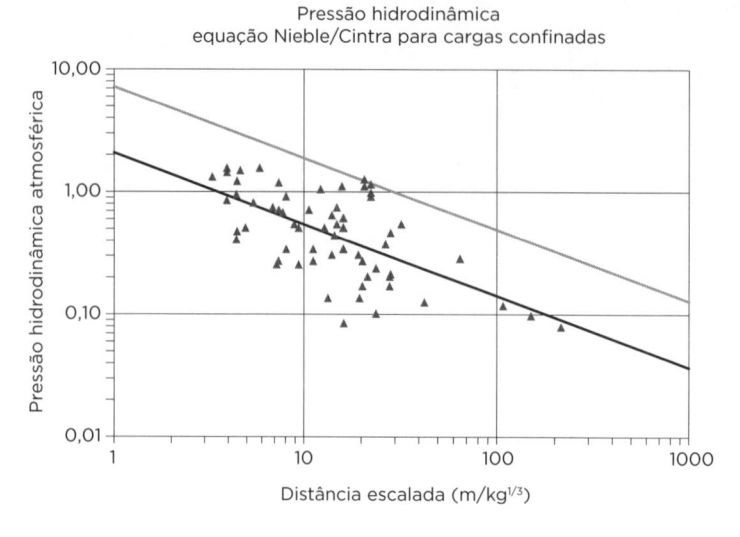

Fig. 4.22 *Gráfico de pressão hidrodinâmica, de acordo com Nieble et al. (2003)*

As bolhas de ar reduzem a pressão máxima da onda de choque, mas não afetam o impulso da onda. Traduzindo isso em efeitos práticos, pode-se afirmar que a cortina de bolhas de ar pode ser efetiva na redução das tensões em estruturas maciças, tais como muros, comportas e *stop logs*.

Para a construção do dispositivo que produzirá as bolhas de ar, sugerem-se material e detalhes ilustrados na Fig. 4.23:

- PVC hidráulico, e outro de menor diâmetro para facilitar sua colocação;
- o comprimento e posição deverão ser ajustados conforme as necessidades;
- a colocação no fundo é realizada com auxílio de pesos amarrados;
- os tubos deverão ser dispostos distantes 0,5 a 1,0 m do muro a proteger;
- de preferência, dois tubos paralelos, com furação e injeção de ar, conforme mostrado na Fig. 4.23;
- as conexões e ligações poderão ser feitas com mangueira;
- tubos podem ser colados nas juntas ou rosqueados.

Segundo U. Langefors, para fluxo de ar de 0,008 m³/s m, o fator de redução das pressões alcança 70%.

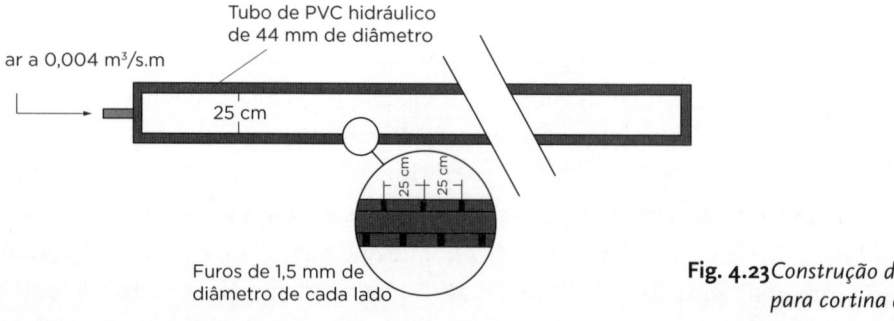

Fig. 4.23 *Construção do dispositivo para cortina de ar*

Desmontes especiais na prática 5

Este capítulo apresenta casos de desmontes especiais com explosivos. Inicialmente trata da fragmentação, ou seja, como obter a granulometria adequada às várias aplicações, principalmente em engenharia civil. Continua-se por desmontes que, devido ao prazo, tinham que utilizar explosivo próximo a concreto, em desafiadora obra de uma estação de metropolitano. Por fim, conclui-se com as recomendações para desmonte a frio e recomendações gerais para desmonte com explosivos em zona urbana.

A arte do desmonte de rocha é fortemente dependente da experiência. Ao longo das últimas décadas, essa experiência conduziu a correlações empíricas que recomendam as formas eficientes e seguras de execução. Na atividade de desmonte cuidadoso a fogo, as regulações estabelecidas pelas normas da ABNT e da Cetesb devem ser sempre respeitadas, representando os critérios de segurança.

5.1 Fragmentação

A metodologia para obtenção de uma curva de fragmentação em função do plano de fogo utilizado e das características *in situ* do maciço rochoso foi elaborada principalmente para a mineração, que é a grande interessada na previsão granulométrica, tendo em vista os expressivos volumes envolvidos na atividade de lavra. É o que atestam os artigos internacionais e as aplicações nacionais, entre elas, da Vale do Rio Doce, de teses defendidas em diversas universidades de Minas Gerais e Pernambuco.

Mas é na engenharia civil que há a necessidade de material rochoso para diversas aplicações com requisitos específicos, como para as variadas aplicações em hidrelétricas, tais como agregados para concreto, enrocamento para construção da barragem e ensecadeiras, *rips-rap* de proteção ou ainda blocos de grandes dimensões para portos, todas aplicações cuja obtenção exige uma simulação mais elaborada.

Oriard (2005) apresenta como a curva de fragmentação varia em função do tipo de carregamento do desmonte (Fig. 5.1).

Se a fragmentação desejada for a mais fina, a razão de carregamento (kg de explosivo por m^3 desmontado) tem que ser maior, o espaçamento entre furos tem que ser maior que o afastamento, e muitos retardos entre furos devem ser

Fig. 5.1 *Efeito do desmonte sobre a granulometria, segundo Oriard (2005)*

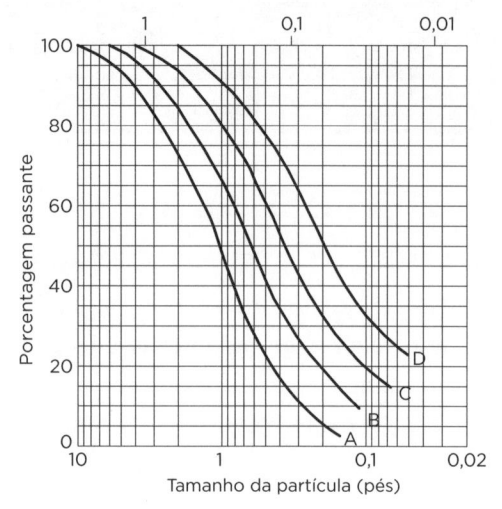

A - In situ
B - Após desmonte leve
C - Após desmonte pesado
D - Após transporte e compactação pesada

utilizados, sendo recomendável um furo detonado por retardo. Caso se desejem mais blocos grandes, deve-se reduzir a razão de carregamento, o afastamento tem que ser maior que o espaçamento entre furos, e o número de furos detonados em cada retardo deve ser aumentado.

Gustafsson (1973) fornece o roteiro essencial para obter grandes fragmentos em desmontes:

- baixa razão de carregamento, recomendando 0,20-0,25 kg/m³ para detonar cada fileira como instantânea;
- E/V espaçamento do fogo (dos furos) dividido pelo afastamento menor que 1, atingindo 0,8 e até 0,5;
- detonação instantânea, de todo o fogo, se possível.

O geólogo Luiz Alberto Minicucci fez estudos com diversas simulações para a fragmentação dos desmontes de rocha, visando à sua aplicação em engenharia civil, principalmente para o Porto de Açu, em rochas graníticas, e para a hidrelétrica de Colíder (arenitos silicificados), da Copel. O método aplicado, de Kuz-Ram (Cunningham, 2005), é o mais utilizado mundialmente para a previsão de fragmentação de maciços rochosos quando detonados.

Iniciados por Kuznetov, os estudos da previsão de granulometria de uma detonação, uma função da energia dos explosivos e das características geológicas e estruturais da rocha, foram modificados e implementados por Cunningham, tendo resultado nas relações adotadas mundialmente para as previsões de tamanho dos fragmentos e sua distribuição percentual, a partir de um plano de detonação teórico, denominado método Kuz-Ram.

Vinte anos depois, Cunningham (2005) propõe uma alternativa de classificar o maciço a ser desmontado pelas suas características: resistência e descontinuidades, relação entre as descontinuidades (fraturas e juntas do maciço rochoso) e direção da bancada, espaçamento do sistema principal de juntas e tamanho médio do bloco de rocha preexistente *in situ*. O fator de rocha, A_R, a ser escolhido pelo técnico de desmonte, é um valor que vai de 1 a 13.

Classificação de tipo de maciço rochoso variando de 1 a 13:
- 1 para rochas extremamente fracas;
- 7 para rochas médias;

- 💣 10 para rochas resistentes fraturadas;
- 💣 13 para rochas resistentes muito pouco fissuradas.

Pode ser obtido alternativamente, por meio de outras indicações empíricas, descritas a seguir:

- 💣 Classificação por características = 0,06 × (RMD + JF + RDI + HF): considera as características do maciço rochoso, resistência e descontinuidades, relação entre as descontinuidades (fraturas e juntas do maciço rochoso) e direção da bancada, espaçamento do sistema principal de juntas, tamanho médio do bloco de rocha preexistente in situ, também empírica, a saber:
  - RMD – valores para maciço rochoso friável = 10 e maciço rochoso muito pouco fraturado = 50;
  - JF – valor para maciço fraturado maior que 10 e menor que 50, obtido do espaçamento da descontinuidade (m), da direção e mergulho da descontinuidade em relação à frente livre, tamanho médio de bloco preexistente;
  - RDI – valor dependente da densidade da rocha intacta;
  - HF – valor obtido a partir da resistência à compressão simples da rocha, dividida por três;
  - a distribuição granulométrica é obtida da equação de Rosin-Rammler, dada por:

$$P = 100 \left[1 - e^{-0,693 \{(x/x_{50})^n\}}\right] \qquad (5.1)$$

em que:

x = tamanho da malha da peneira;

x_{50} = tamanho médio do fragmento;

n = índice de uniformidade;

P = percentual de material passante na peneira de tamanho x.

O índice de uniformidade n é obtido do algoritmo seguinte, que correlaciona todos os parâmetros do plano de detonação.

$$n = (2,2 - 14B/d) \times (1-W/B) \times [1+(A-1)/2] \times L/H \qquad (5.2)$$

em que:

B = afastamento (m);

S = espaçamento (m);

A = relação entre afastamento e espaçamento;

D = diâmetro do furo (mm);

W = desvio de perfuração (m);

L = comprimento do total da carga acima da base da bancada (m);

H = altura da bancada (m).

A Fig. 5.2 apresenta a seção típica através da pilha de rocha, indicando a distribuição espacial dos fragmentos.

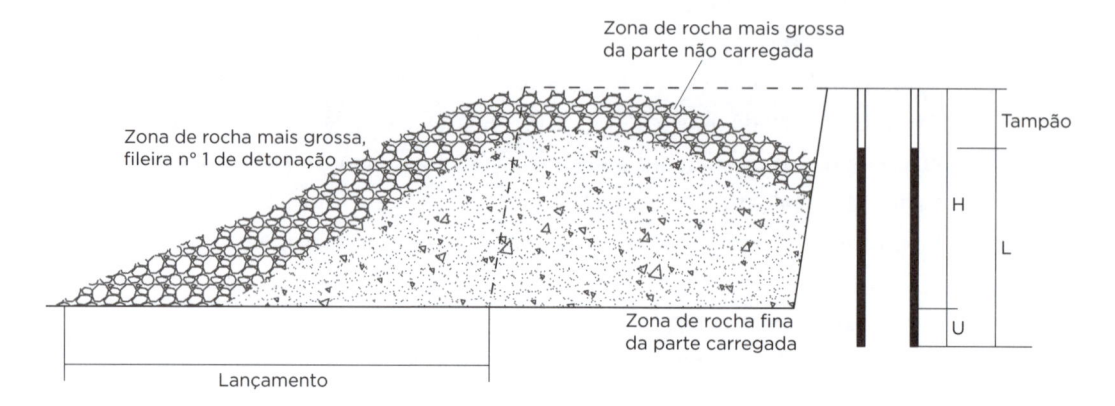

Fig. 5.2 *Distribuição granulométrica típica de uma detonação*

Num dos casos analisados por Minicucci, foram feitas detonações experimentais e obtidas as curvas granulométricas correspondentes por simulação.

Detonações experimentais, aspecto na Fig. 5.3:

- malha: 3 m × 4 m;
- altura da bancada: 12 m;
- Ibegel 2" × 24", explosivo encartuchado;
- espaçamento das fraturas do maciço *in situ*: 0,50 m;
- densidade de carregamento: 0,5 g/cm;
- explosivo RWS: 90% da força equivalente em relação ao Anfo;
- VOD: 5.000 m/s (velocidade de detonação do explosivo);
- razão de carga: 0,16 kg/m³ (é a relação entre a massa de explosivo dentro do furo e o volume do furo ocupado por essa massa).

Fig. 5.3 *Notam-se bolhas vermelhas, com dimensão padrão, que foram utilizadas como escala para obtenção da curva granulométrica do desmonte experimental*

A partir da inspeção do maciço rochoso da área de implantação do desmonte de engenharia civil e da estimativa de qualidade do maciço rochoso, são efetuadas várias detonações experimentais, variando alturas de bancadas e afastamentos e respectivas simulações da granulometria, até se obter um plano de detonação que forneça o maior percentual de material que se aproxime do especificado para a obra.

Fig. 5.4 *Análise de fragmentação através de software (Método Kuz-Ram)*

A simulação é realizada por *software* que analisa as fotos dos desmontes experimentais (Fig. 5.4). A escala é dada pelas bolinhas, que têm diâmetro padronizado, de 4" a 20", que servem de referência na interpretação da dimensão dos fragmentos e do traçado da granulometria simulada. É um recurso utilizado para evitar a dificuldade do levantamento real dos fragmentos, com pesos de toneladas.

Cunningham (2005) aperfeiçoou o método Kuz-Ram e elaborou a Tab. 5.1, aplicada para a pedreira da UHE Colíder por Minicucci. A correspondente distribuição granulométrica da simulação é mostrada na Fig. 5.5, tabelada na Fig. 5.6.

Tab. 5.1 Método Kuz-Ram – previsão de fragmentação

Pedreira Colíder	
Detonação teórica	
Classificação	Tipo do maciço
1	Rochas brandas
7	Rochas médias – resistentes estratificadas
10	Rochas resistentes – pouco fraturadas
13	Rochas resistentes - maciças
Valor	7	Dados calculados
	Entrada de dados e denominação

Tab. 5.1 (continuação)

Características do maciço		
Litologia	Arenito Pedreira	
Massa específica	2,65	t/m³
C. uniaxial	120	MPa
Juntas e bloco unitário		
Espaçamento	0,5	m
Dip	20	graus
Dip direction	160	graus
Bloco in situ	0,5	m³
Explosivo	Ibegel	
Densidade	0,5	
RWS	90%	(% Anfo)
Nominal VOD	5000	m/s
Efetivo VOD	5.000	m/s
Energia	0,9	
Fragmentação	7,0	
Tamanho - D50	61,4	cm

Características da malha		
Geometria	1	
Diâmetro do furo	75	mm
Comprimento da carga	10	m
Afastamento	3	m
Espaçamento	4	m
Precisão do furo - desvio	0	m
Altura da bancada	12	m
Dip direction da face	250	graus
Carregamento		
Razão de carga	0,06	kg/ton
Razão de carga	0,15	kg/m³
Carga por furo	22	kg/furo
Razão de rigidez	4,0	
Razão linear de carga	1,8	kg/m
Coef. de uniformidade	1,49	
Tamanho característico	0,78	m

O uso do *software* tipo WipFrag com módulo de previsão de curva granulométrica em função do plano de detonação adotado e a granulometria por *software* de análise fotográfica obtida permitiram os ajustes dos planos de detonação para a obtenção da fragmentação desejada.

O artigo de Cunningham publicado em 2005 na Brighton Conference resume a experiência de 20 anos de aplicação do modelo Kuz-Ram, designado *The Kuz-Ram*

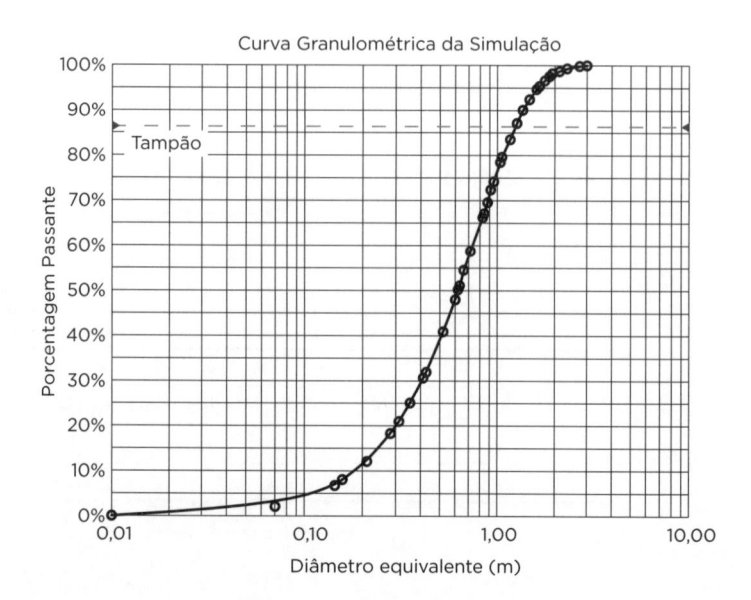

Fig. 5.5 *Curva granulométrica da simulação*

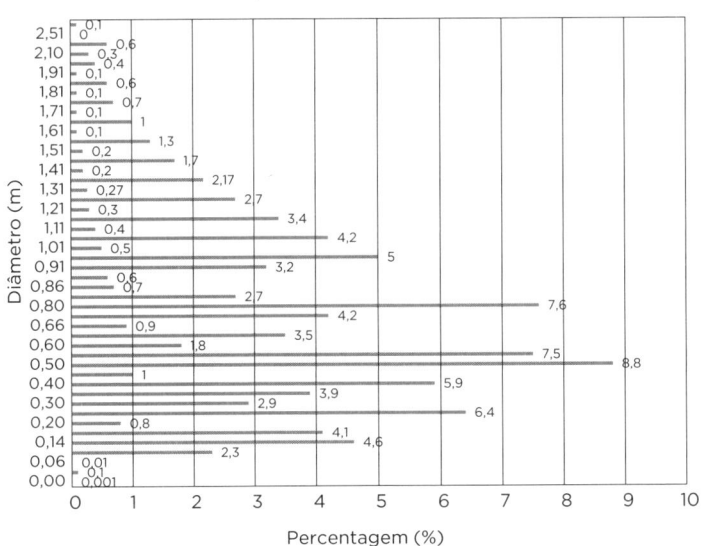

Percentual por diâmetro - detonação simulada

Fig. 5.6 *Percentual por diâmetro da simulação da detonação*

fragmentation model – 20 years on, mostrando que, se a previsão para fragmentos maiores é boa, a grande deficiência do modelo encontra-se na área de estimativa dos finos da detonação, conforme apontado por diversos autores. Afirma que a função mais importante do modelo Kuz-Ram é a de guiar o engenheiro de desmonte a pensar no efeito de vários parâmetros, de modo a obter a melhoria dos resultados de desmonte.

5.2 Desmontes próximos a concretos

Os desmontes realizados próximos de concreto sempre tiveram uma limitação imposta pela qualidade do concreto, particularmente quando se encontra ainda em processo de cura. A primeira experiência de detonação junto a concreto-massa no Brasil foi feita na UHE Tucuruí (PA), com a instalação de acelerômetros no concreto, enquanto estava sendo lançado, para verificar se o nível de vibrações externo produzia deformações irreversíveis no concreto. Tais experimentos deram resultados de difícil interpretação.

Mais recentemente, a retirada de uma laje de rocha na estação Jardim de Alah, no Leblon, no Rio de Janeiro, área densamente povoada, exigiu sua escavação com explosivos (Nieble; Penteado, 2016). Para garantir segurança e conforto aos prédios e seus habitantes nas vizinhanças, utilizaram-se os seguintes critérios:

- uma recomendação geral da Cetesb para o desconforto, que limita em 4,2 mm/s a resultante da velocidade de vibração-limite de segurança e 128 dBL o impacto de ar;
- a NBR 9653, que estipula velocidades de vibração entre 15 mm/s e 50 mm/s, dependendo da frequência com que atinge os prédios, e 134 dBL para o impacto de ar.

A experiência e a regulamentação internacional, representadas por oito referências relatadas a seguir, servem de quadro de comparação para o desmonte da estação Jardim de Alah.

💣 Um critério muito bem estudado, aplicável principalmente ao concreto com diversas idades, foi desenvolvido para as estruturas da hidrelétrica Seabrook e é apresentado na Tab. 5.2 (Hulshizer; Desai, 1984).

Tab. 5.2 Relação da idade do concreto com velocidade da partícula

Idade do concreto (hs)	0-3	3-11	11-24	24-48	> 48
Velocidade máxima da partícula na rocha onde está assentado o concreto (mm/s)	102	38	51	102	178

💣 Estudos na Suécia mostram que os danos em concreto são detectados quando a velocidade da partícula atinge 110 mm/s (Berling; Eklund; Sjoberg, 1977).

💣 O American Concrete Institute mostra que teoricamente o concreto curado com muitos anos de vida apresenta danos quando a velocidade da partícula varia de 51 mm/s a 178 mm/s (Atkins; Dixon, 1979).

💣 Estudos do USBM envolvendo fundações de alvenaria e blocos de concreto indicam que os danos são iniciados quando os níveis de vibração atingem 152 mm/s a 255 mm/s (Siskind et al., 1980).

💣 Oriard descreve testes no concreto onde a menor velocidade de partícula para criar fissuras era 305 mm/s (Oriard; Coulson, 1980).

💣 Estudos feitos pelo U.S. Bureau of Standards e por outros chegaram à conclusão de que deformações mínimas de 100 μmm/mm são necessárias para a ruptura de juntas de argamassa em alvenaria, mesmo sob vibração contínua (Tab. 5.3) (Woodward; Rankin, 1983; RI 8896, 1984; Craqford; Ward, 1965).

Tab. 5.3 Deformação (μmm/mm) vs. resposta do concreto

Deformação (μmm/mm)	Resposta
50	Microfissuras de 0,04 mm a 0,08 mm (concreto fresco)
150	Limite de resistência a esforços estáticos (concreto curado)
700	Escamamento da camada de reboco (concreto curado)
1.300	Escamamento da superfície (concreto curado)
2.400	Fissuramento (curado)
3.800	Demolição (curado)

A Tab. 5.4 apresenta os principais critérios internacionais de segurança para concretos de diversas idades.

Tab. 5.4 PPV admissível com o tempo de cura do concreto

Dias de cura	Temperatura de cura (°C)	
	5	21
	Velocidade máxima (mm/s)	
1		10
2	6	25
3	13	33
4	18	41
5	20	43
6	25	46
7	30	49
8	31	50
9	32	53
10	33	56
20	44	61
28	50	66
40	56	69
50	57	70
60	58	71
70	60	72
80	61	73
90	64	76
100	66	79
150	70	81
200	71	84
250	76	85
300	79	86
Horas de cura		
0 - 5	76	
5-24	5	
0 - 10		76
10 - 70		5

Nota: devido ao calor de hidratação e ao uso de formas, o concreto é curado à temperatura de 21 °C ou maior, mesmo no inverno. Os dados a 5 °C não ocorrem sob condições práticas.

- 💣 Concreto fresco: pela Ontario Hydro, Concrete and Masonry Research Section.
- 💣 Segundo o Federal Highway Administration – U.S. Department of Transportation (Tab. 5.5).

Tab. 5.5 Velocidade máxima da partícula segundo o tipo de estrutura

Tipo de estrutura	Velocidade máxima da partícula (mm/s)
Concreto fresco (menos de 7 dias)	25

Para o concreto da parede diafragma da estação Jardim de Alah, utilizou-se o critério de Oriard (2005), preparado para o Tennessee Valley Authority (TVA), conforme apresentado na Tab. 5.6.

Tab. 5.6 Velocidade de vibração admissível

Idade do concreto	PPV admissível – IPS (mm/s) × Fator de distância (DF)
0-4 horas	4 ips (102 mm/s) × DF
4 h-1 dia	6 ips (152 mm/s) × DF
1-3 dias	9 ips (229 mm/s) × DF
3-7 dias	12 ips (305 mm/s) × DF
7-10 dias	15 ips (381 mm/s) × DF
Mais de 10 dias	20 ips (508 mm/s) × DF
em que o fator de distância é:	
Distância = 0-50 pés (0-15 m)	DF = 1,0
Distância = 50-150 pés (15-46 m)	DF = 0,8
Distância = 150-250 pés (46-76 m)	DF = 0,7
Distância = > 250 pés (76 m)	DF = 0,6

Oriard estabeleceu os critérios para o TVA a partir de testes em blocos de concreto armado.

Assim, na vizinhança de concreto armado e com idade superior a 10 dias, a distâncias menores que 15 m – que é o caso da estação Jardim de Alah –, o nível de velocidades de vibração pode chegar a 508 mm/s sem danificar o concreto.

Ainda, Iverson, Kerkering e Hustrulid, em *Application of the NIOSH – Modified Holmberg-Perssson Approach to Perimeter Blast Design*, aplicaram o método de Holmberg, que consiste em considerar o somatório dos efeitos de cargas unitárias na formação de trincas que dão origem a *overbreaks*, chegando à conclusão de que 1.850 mm/s é um valor-limite para a formação de novas trincas no maciço rochoso.

Como se trata de cargas paralelas ao concreto, os valores são dependentes da concentração de cargas no furo e dependem do *decoupling* aplicado, ou seja, da relação diâmetro do furo/diâmetro do explosivo, como mostra a Fig. 5.7. O *decoupling* se traduz numa menor densidade de carregamento; já que o diâmetro do furo é o mesmo, vai se reduzindo o diâmetro do explosivo utilizado.

A lei de propagação de velocidades de vibração para a estação carioca foi obtida nos primeiros fogos detonados:

$$Vp = 338{,}17 \ (D/Q^{1/2})^{-1{,}34} \ \text{(equação média)} \tag{5.3}$$

$$Vp = 701{,}80 \ (D/Q^{1/2})^{-1{,}34} \ \text{(equação máxima)} \tag{5.4}$$

em que Vp é dado em mm/s, D, em m, e Q, em kg. A equação máxima foi obtida pelo método de Dowding, para 95% de confiança.

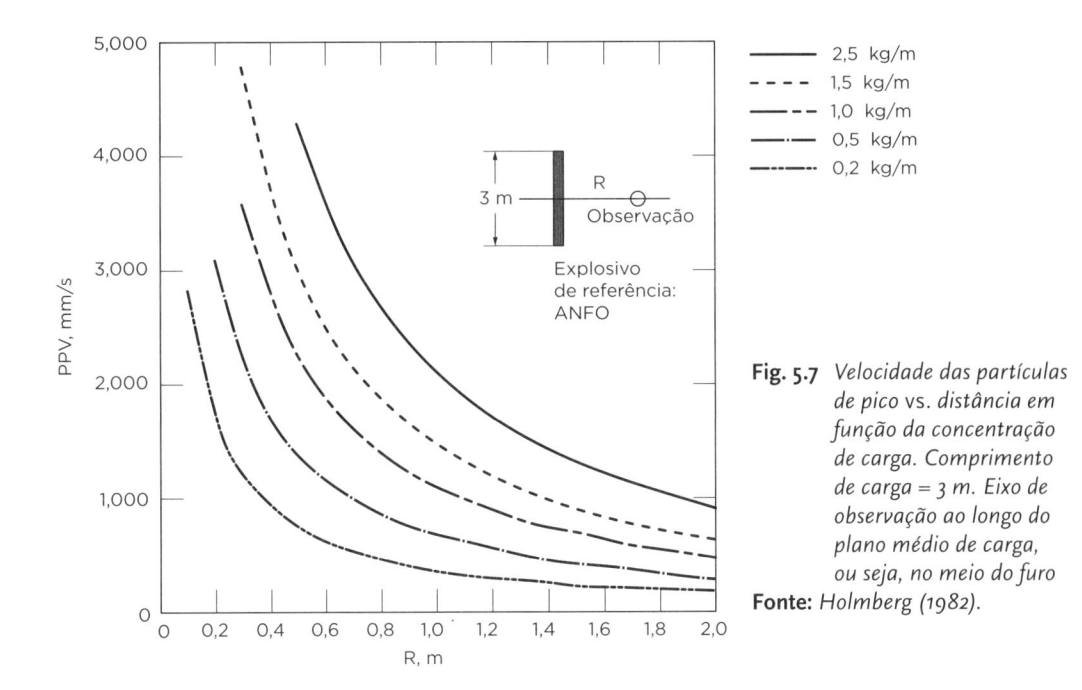

Fig. 5.7 Velocidade das partículas de pico vs. distância em função da concentração de carga. Comprimento de carga = 3 m. Eixo de observação ao longo do plano médio de carga, ou seja, no meio do furo
Fonte: Holmberg (1982).

Tendo em vista que as velocidades de vibração que poderiam atingir o concreto poderiam ser superiores ao critério de segurança do TVA, calculado em 508 mm/s, e sabendo que a pequenas distâncias os critérios de velocidade de vibração-limite não se aplicam, resolveu-se limitar a região a ser desmontada junto do concreto com furos de alívio.

O conceito básico aplicado é que não se deve gerar *overbreaks* que afetem o concreto, que não exibe descontinuidades. As velocidades e as deformações podem ser maiores, desde que não se afete a rocha de fundação, que exibe descontinuidades. Ou seja, os limites de segurança para o concreto são maiores, desde que este não exiba descontinuidades que possam refletir as ondas da detonação. Resolveu-se exercer o controle mediante as providências:

- executar uma linha de furos de alívio descarregados (sem explosivo) a menos de 1 m do concreto;
- reduzir as cargas por furo e consequentemente as cargas por espera a 1,5 kg;
- usar o *decoupling*, ou seja, a relação diâmetro do furo/diâmetro do explosivo, como redutor do nível de vibrações;
- usar retardos de coluna em cada furo e retardos superficiais para limitar as cargas por espera de cada fogo.

Como critérios gerais de segurança, adotaram-se:
- *para a fundação dos prédios*: 10 mm/s (menor que o valor mínimo da ABNT 9653);
- *para o edifício*: 50 mm/s e 134 dBL (ABNT 9653);
- *para o conforto dos residentes*: 4,2 mm/s e 128 dBL (recomendação da Cetesb);

- 💣 *para o travamento*: mediante estroncas, que precisam ser protegidas durante os desmontes;
- 💣 *para a parede diafragma*: o desmonte com explosivos não pode criar trincas (deformações irreversíveis) no concreto reforçado da parede diafragma. Para isso, o desmonte será executado até 1,0 m da parede diafragma, o último metro que seria removido posteriormente, com fio diamantado ou outro método a frio.

A Fig. 5.8 mostra um perfil da laje de rocha a ser detonada, o concreto da parede diafragma existente a ser preservada e os prédios habitados.

Para as detonações, utilizou-se o *decoupling*, ou seja, a redução do diâmetro do explosivo em relação ao diâmetro do furo, para reduzir a velocidade de vibração transmitida ao concreto existente. A Tab. 5.7 e a Fig. 5.9 resumem o plano de fogo utilizado. Vejam que, para evitar *overbreaks*, as detonações em furos com *decoupling* foram realizadas até 1 m da parede de concreto, a partir de onde só foram executados furos de alívio.

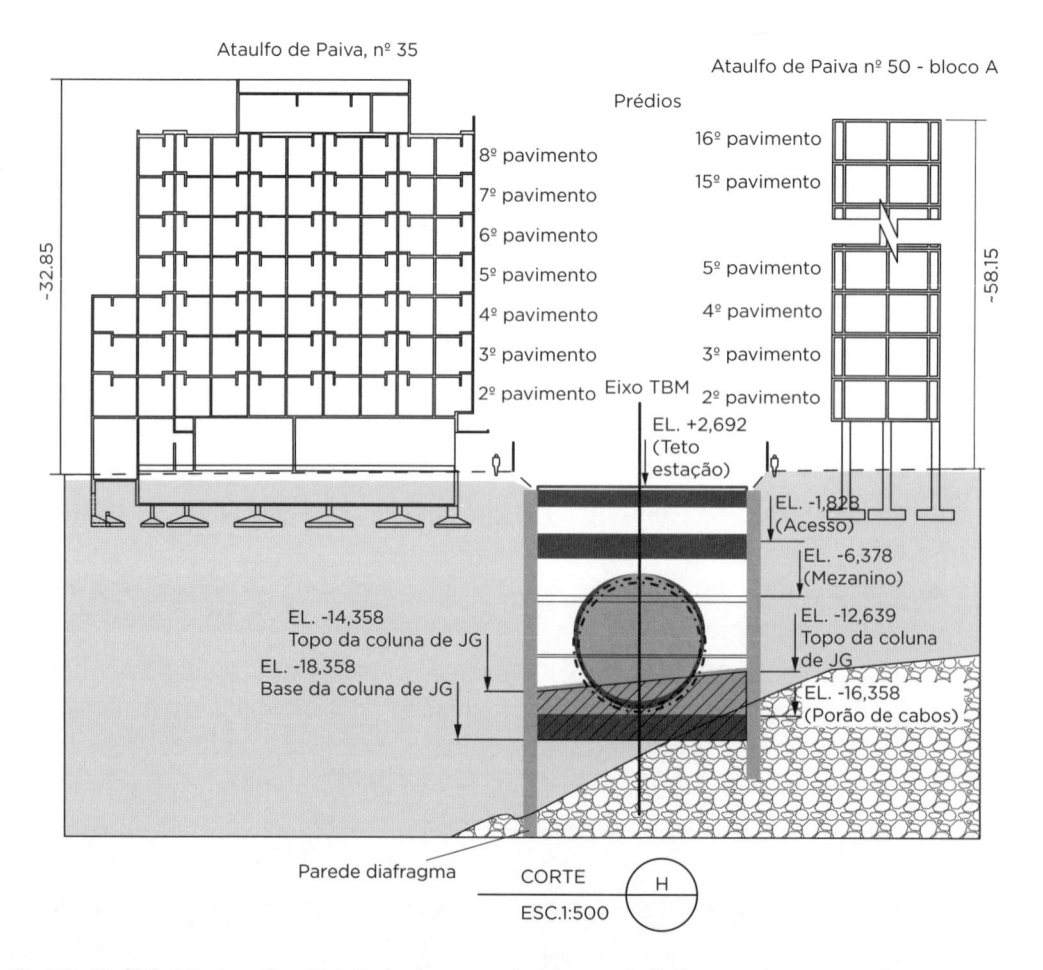

Fig. 5.8 *Perfil da laje de rocha a ser detonada, o concreto da parede diafragma a ser preservada e os prédios habitados*

As Figs. 5.10 e 5.11 mostram o controle realizado de velocidades de vibração e impacto de ar.

A Fig. 5.12 (p. 114) mostra como ficou a estação após o desmonte realizado. As paredes expõem o concreto e o piso em rocha.

5.3 Desmonte a frio

O desmonte a frio deve ser evitado ao máximo devido ao seu elevado custo e à produção baixa. O custo em geral atinge três a cinco vezes o custo do desmonte com explosivos e a produção é muito baixa, em torno de 2.000 m³/mês a 4.000 m³/mês.

Tab. 5.7 Plano de fogo – estação Jardim de Alah

Seção		1
Avanço (m)		2,60
Área (m²)		28,26
Volume (m³)		73,48
1	Número de cartuchos	4,00
	Peso do cartucho (kg)	0,36
	Peso por furo (kg)	1,468
	Número de furos	24
	Quantidade de explosivos	35,232
Total de furos		42
Total de furos carregados		24
Total de furos de alívio		18
Total de explosivos (kg)		35,23
RC (kg/m³)		0,480
CME (kg)		1,468

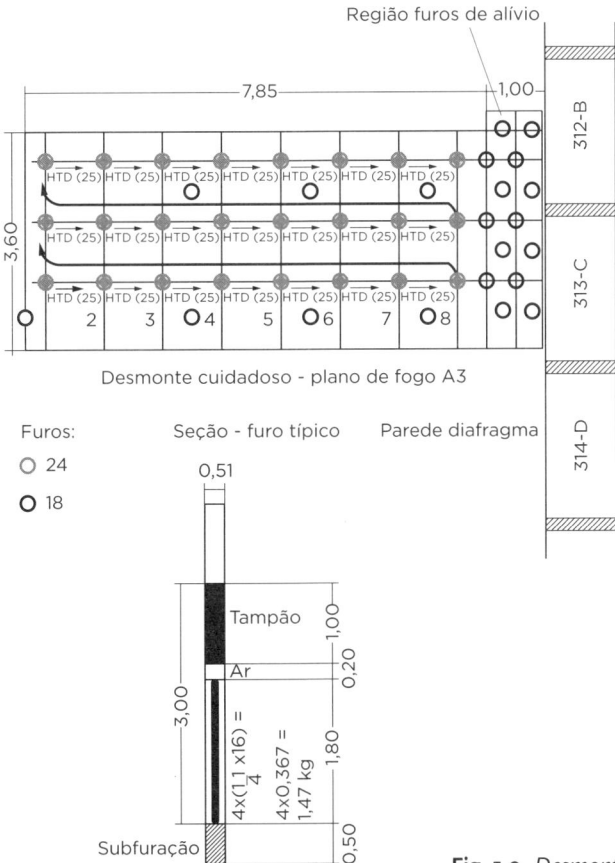

Fig. 5.9 *Desmonte cuidadoso – plano de fogo A3*

Mas há situações em que ele é efetivamente necessário, e deve ser adotado, como na obra de Angra 3, para aumentar a distância entre a futura detonação do septo e o concreto da usina (Fig. 5.13, p. 114).

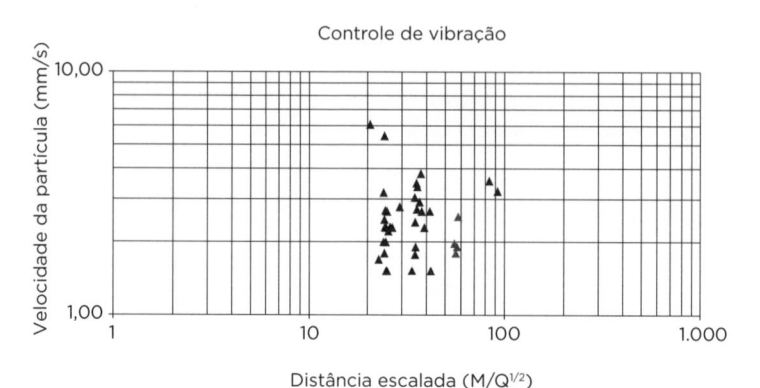

Fig. 5.10 *Controle de vibrações*

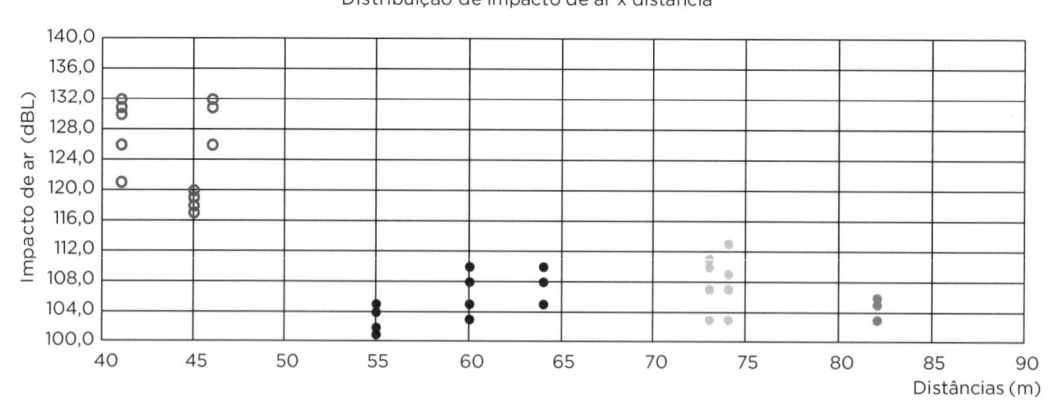

Fig. 5.11 *Distribuição de impacto de ar vs. distância para diversos andares do edifício*

Segundo Geraldi (2011),

> caso não sejam aproveitados para fins ornamentais, os blocos de rocha cortados e recortados por fio diamantado ou *line drilling* deverão ser posteriormente fragmentados, reduzidos, utilizando-se a perfuração do bloco primário com malhas reduzidas, da ordem de 0,40 m × 0,40 m, utilizando-se cunhas hidráulicas tipo darda e/ou o carregamento dos furos com argamassas expansivas. Existem outros materiais expansivos que vêm sendo utilizados, mas as fragmentações de menor custo e maior produtividade ainda hoje em dia são feitas com expansores e argamassas.

O *hydraulic rock breaker*, conhecido entre nós como picão, pode ser utilizado até em rochas mais resistentes, quando não se consegue escavar. Nesses maciços, os fios diamantados são utilizados para cortar em grandes blocos, após o que se deve utilizar cunhas hidráulicas tipo darda ou argamassa expansiva, atuando em furos executados especialmente para tal. Esses tratamentos são feitos in loco para posterior remoção dos fragmentos reduzidos a dimensões transportáveis.

A argamassa expansiva funciona bem até 30 °C, podendo chegar a 40 °C com produtos especiais. Ultimamente, para reduzir o tempo de atuação das argamassas expansivas, que levam de 20 a 30 horas para iniciar a fragmentação, utiliza-se água sob pressão no processo.

É necessário utilizar entre 12 kg e 15 kg de argamassa por metro cúbico de rocha. Os furos devem ser de pequeno diâmetro e executados segundo malhas reduzidas, com áreas variando entre 0,30 m² e 0,50 m².

5.4 Recomendações para desmontes em zona urbana

Os cuidados em desmontes em zona urbana visam à segurança das estruturas e principalmente prevenir o desconforto do meio. É necessário verificar quais são as interferências a serem consideradas, caso a caso, e estabelecer critérios de segurança para cada uma delas. A partir da adoção de leis de propagação de vibrações apresentadas neste livro, pode-se calcular a carga por espera e dimensionar o plano de fogo e a cobertura a ser utilizada, respeitados os critérios de segurança estrutural e do meio ambiente.

As primeiras detonações devem ser a favor da segurança até que a monitoração permita adotar as leis de propagação de vibrações adaptadas ao maciço local e às condições do plano de fogo utilizado.

As principais normas brasileiras sobre detonação em zonas urbanas são apresentadas a seguir.

5.4.1 NBR 9061 – Segurança de escavação a céu aberto

Diz claramente que se aplica à elaboração do projeto e execução de escavações de obras civis, a céu aberto, em solos e rochas, não incluídas escavações para mineração e túneis. No item 10.7 – Evacuação, assim especifica o item 10.7.2:

> Durante o carregamento, o local deve ser abandonado por todo o pessoal não diretamente ligado à operação. Deve ser evacuada uma área mínima limitada por 250 m a jusante e 200 m a montante, 10 minutos antes da detonação.

A NBR 9653 especifica:
- A velocidade de vibração depende da frequência, mas 15 mm/s é a menor recomendada para baixas frequências. Para frequências maiores que 40 Hz, pode-se atingir 50 mm/s, conforme ilustrado na Fig. 5.14. Ver também a Tab. 5.8.
- O impacto de ar deve ser menor que 134 dBL.
- O ultralançamento não deve ocorrer além da área de operação do empreendimento.

Fig. 5.12 *Estação após o desmonte realizado*

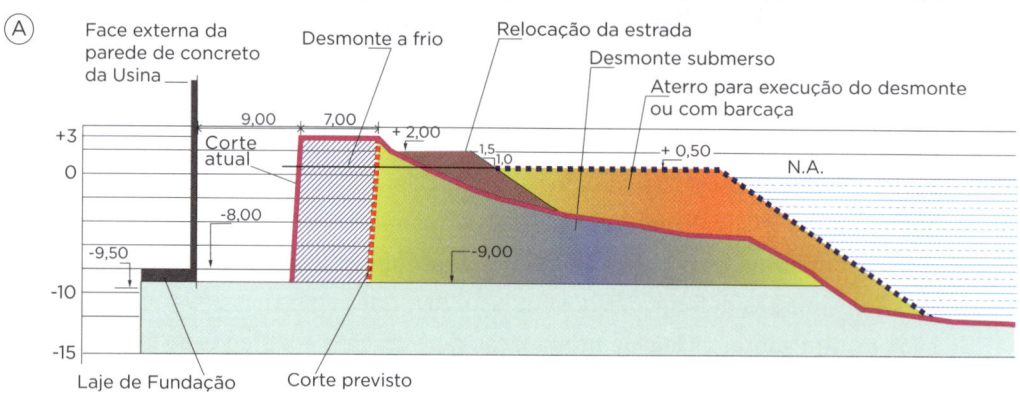

(A)

Face externa da parede de concreto da Usina
Desmonte a frio
Relocação da estrada
Desmonte submerso
Aterro para execução do desmonte ou com barcaça
9,00
7,00
+2,00
+3
Corte atual
1,5
1,0
+0,50
0
N.A.
-8,00
-9,50
-9,00
-10
-15
Laje de Fundação
Corte previsto

(B)

Fig. 5.13 *(A) Situação do desmonte a frio na Usina de Angra 3. A remoção de 7 m de largura estende-se ao longo de toda a parede da usina. (B) Situação atual. Pequena distância entre o septo a ser retirado e o concreto da usina, no centro (com setas)*

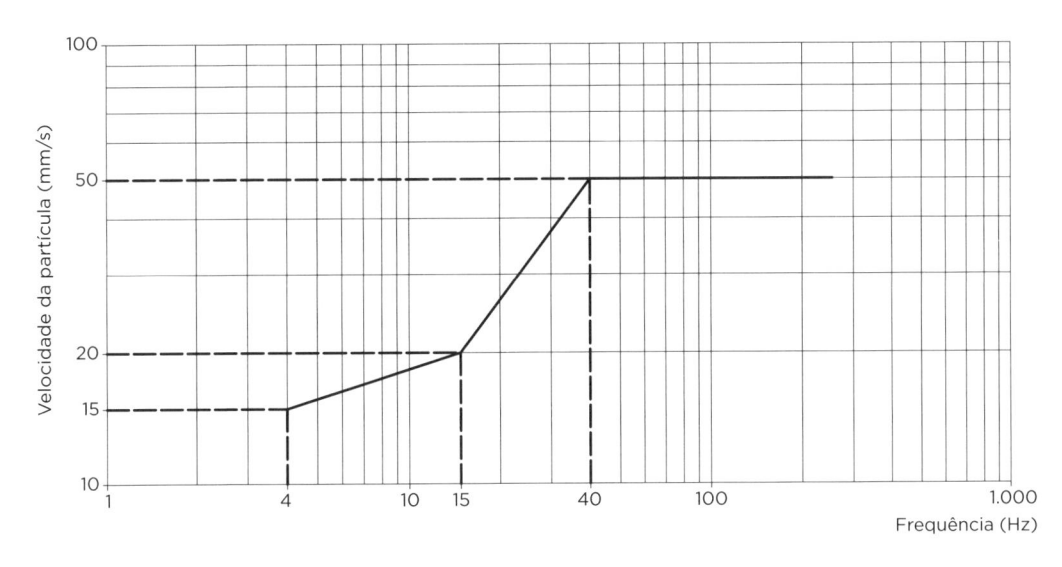

Fig. 5.14 NBR 9653 (2005) – gráfico limite velocidade da partícula × frequência

Tab. 5.8 Frequência vs. limite de vibração de partículas

Faixa de frequência (Hz)	Limite de vibração de partícula de pico (mm/s)	Pressão acústica (dBL)
4 a 15	15 a 20	
15 a 40	20 a 50	134
Acima de 40	50	

Nota: para valores de frequência abaixo de 4 Hz, deve ser utilizado como limite o critério de deslocamento de partícula de pico de no máximo 0,6 mm (de zero a pico).

5.4.2 DT.013 da Cetesb – Visa ao meio ambiente

Avaliação e monitoramento das operações de desmonte de rocha com uso de explosivo na mineração. Procedimento:

- 💣 Vibrações: a resultante deverá ser menor que 4,2 mm/s.
- 💣 Impacto de ar: menor que 128 dBL.

No Brasil, a ABNT, por meio da NBR 9653 (2005), estabelece os seguintes limites para prevenção de danos causados por detonações de rocha com o uso de explosivos, nas vizinhanças de mineração:

- 💣 Vibração – 15 mm/s a 50 mm/s (dependendo da frequência) – em qualquer uma das componentes (L, T, V) e na resultante (VR).

5.4.3 Cetesb, D7.013, São Paulo, 2015

- 💣 Máximo de 4,2 mm/s na resultante de pico.
- 💣 Impacto de ar máximo: 128 dBL.
- 💣 Recomendações no carregamento dos furos: utilizar o sistema DNA (Fig. 5.15).

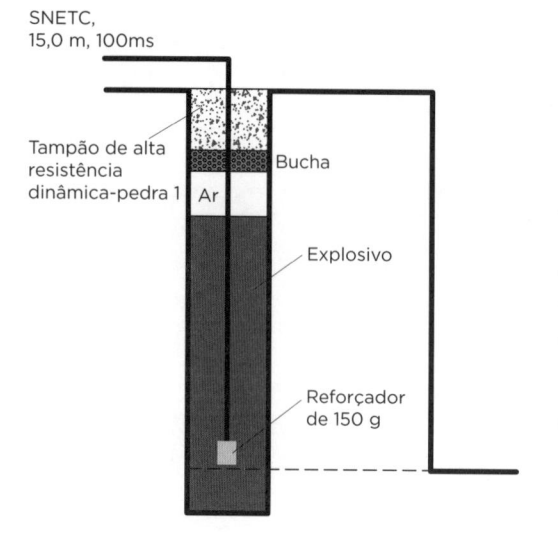

Fig. 5.15 *Carregamento de furo para desmonte em zona urbana*

Principais cuidados:

- usar tampão dinâmico de pedra 1 no furo, dimensionado para não ejetar pelo tampão;
- usar ar no furo, logo abaixo do tampão;
- usar SNETC coluna no furo e retardador SNETC de superfície, entre furos;
- usar iniciador (*booster*) no fundo do furo;
- dimensionar a carga por furo e carga por espera;
- usar ligação do fogo em zigue-zague longo, para que se aliviem os furos anteriores (Fig. 5.16);
- cobrir o fogo para evitar ultralançamento.

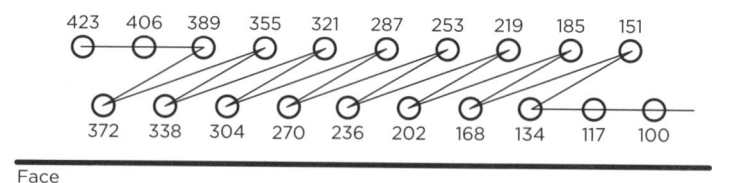

Fig. 5.16 *Ligação em zigue-zague longa*

retardo de furo = 100 ms   retardo de superfície = 17 ms

Tab. 5.9 Critérios de danos relativos às interferências para pessoas

Resposta	Velocidade da partícula (mm/s)
Intolerável	127
Objecionável	51
Desagradável	13
Perceptível	2
Não perceptível	0,5

Os principais critérios de danos relativos às interferências para pessoas são apresentados na Tab. 5.9.

5.4.4 Pressão acústica, normas e respostas estruturais e humanas

- Velocidades de vibração: monitorar os desmontes com geofones tridimensionais e um quarto canal para o impacto de ar. A vibração oriunda dos desmontes pode causar danos a residências em bom, regular e mau estado e também causar desconforto aos moradores (Tab. 5.10).

Os danos podem ser estruturais e cosméticos (superficiais). Definem-se como danos estruturais aqueles que podem levar ao colapso da estrutura, e cosméticos, os danos referentes a queda de gesso, trincas em caixilhos malfeitos etc. Recomendam-se os critérios de segurança da NBR 9653 para danos estruturais

Tab. 5.10 Pressão acústica

Pressão acústica (dBL)	Respostas, normas
180	Danos a estruturas
170	Quebra da maioria das vidraças
150	Quebra de algumas vidraças
140	Máximo – Osha
134	Máximo – USBM – ABNT
128	Nível seguro – USBM, Cetesb
120	Limite de dor para som contínuo
115	Limite de queixas – vibração de pratos e janelas
115	Máximo para 15 minutos – Osha
90	Máximo para 8 horas – Osha

e os critérios da Cetesb D7.013 para proteção do meio ambiente.

- *Impacto de ar*: não se deve utilizar cordel detonante para segurança ao meio ambiente. Nesse caso, recomenda-se usar SNETC ou retardadores eletrônicos.
- *Ultralançamento*: a possibilidade de ultralançamento (lançamento acidental de pequenos fragmentos) deve ser eliminada, de acordo com a NBR 9653. Dependendo das cargas de explosivos e das distâncias, recomenda-se cobrir os fogos.

Anexo 1

Vibration standards for different countries/researchers

1. DGMS prescribed permissible limit of ground vibration (India)

Type of structures	Dominant excitation frequency, Hz		
	< 8 Hz	8-25 Hz	> 25 Hz
(A) Buildings/structures not belong to the owner			
1. Domestic houses/structures (Kuchcha, bricks & cement)	5	10	15
2. Industrial building	10	20	25
3. Objects of historical importance & sensitive structures	2	5	10
(B) Buildings belonging to the owner with limited span of life			
1. Domestic houses/structures	10	15	20
2. Industrial buildings	15	25	50

2. After Indian Standard Institution (1973)

Soil, weathered or soft conditions	70 mm/s
Hard rock conditions	100 mm/s

3. After CMRI Standard (Dhar et al., 1993)

Type of structures	PPV (mm/s)	
	< 24 Hz	> 24 Hz
Domestic houses, dry well interior, construction structures with plasters, bridge	5.0	10.0
Industrial buildings, steel or reinforced concrete structures	12.5	25.5
Object of historical importance, very sensitive structures, more than 50 years old construction and structures in poor state condition	2.0	5.0

4. After Australian Standard (AS A-2183) (Just and Chitombo, 1987)

Type of structures	Ground PPV (mm/s)
Historical building and monuments and buildings of special value	2
Houses and low rise residential buildings, commercial buildings not included below	10
Commercial buildings and industrial buildings or structures of reinforced concrete or steel construction	25

5. After Australian Standard (CA-23-2183) (Just and Chitombo, 1987)

Types of structures	Ground PPV (mm/s)
Historical buildings and monuments and buildings of special value	0.2 mm displacement for frequencies less than 15 Hz
Houses and low rise residential buildings, commercial buildings not included below	19 mm/s resultant PPV for frequencies greater than 15 Hz
Commercial buildings and industrial buildings or structures of reinforced concrete or steel construction	0.2 mm maximum displacement correspond to 12.5 mm/s PPV at 10 Hz and 6.25 mm/s at 5 Hz

6. After Hungarian Standard

Type of structures	Permissible limit (mm/s)
Construction demanding special protection, military, telephones, airport, dams, bridges which have length of more than 20 m	Extra opinion from expert
Statistically not solid damaged construction, temples, monuments, oil and gas wells and up to 0.17 MPa and below 0.7 MPa pressure in pipes (oil and gas)	2
Panel houses and statistically not fully determined structures	5
Statistically good condition structures, towers, electrical	10
RCC and structures concrete, tunnels, canals and other pipe lines beneath the soil surface greater than 0.7 m, opening the sublevel	20
Public road, railway and electrical lines, telephone lines ropeway	50

7. After USSR Standard

Type of structures	Allowable PPV (mm/s) Repeated	Allowable PPV (mm/s) One fold
Hospitals	8	30
Large panel residential buildings and children's institution	15	30
Residential and public buildings of all type except large panels, office and industrial buildings having deformations, boiler rooms and high brick chimneys	30	60
Office and industrial buildings, high reinforced concrete pipes, railway and water tunnels, traffic flyovers, saturated sandy slopes	60	120
Single storage skeleton type industrial buildings, metal and block reinforced concrete structures, soil slopes which are part primary Structures, primary mine openings(service life up to 10 years) pit bottom, main entries, drifts	120	240
Secondary mine openings (service life up to 3 years) haulages and drifts	240	480

8. After Swiss Standard

Type of structures	Frequency band width (Hz)	Blast induced PPV (mm/s)	Traffic/machine induced PPV (mm/s)
Steel or reinforced structures such as factories, retaining walls, bridges, steel towers, open channels, underground tunnels and chambers	10-60	30	-
	60-90	30-40	-
	10-30	-	12
	30-60	-	12-18
Buildings with foundation walls and floor in concrete, well in concrete or masonry, underground chambers and tunnels with masonry linings	10-60	18	-
	60-90	18-25	-
	10-30	-	8
	30-60	-	8-12

8. (continuação)

Type of structures	Frequency band width (Hz)	Blast induced PPV (mm/s)	Traffic/machine induced PPV (mm/s)
Building with masonry walls and wooden ceilings	60–90	12–18	–
	10–30	–	5
	30–60	–	5–8
Objects of historic interest or other sensitive structures	10–60	8	–
	60–90	8–12	–
	10–30	–	3

9. After Siskind et al., 1980

Type of structures	PPV (mm/s)	
	Frequency (< 40 Hz)	Frequency (> 40 Hz)
Modern homes, dry wall interior	18.75	50
Older homes, plaster on wood lath construction	12.5	50

10. After Sweden Standard (after Pesson et al., 1980)

Type of structures	Limiting vibration parameters		
	Amplitude (mm)	Velocity (mm/s)	Acceleration (mm/s^2)
Concrete bunker steel-reinforced	-	200	-
High rise apartment block-modern concrete of steel frame design	0.4	100	-
Underground rock cavern roof hard rock, span 15-18 m	-	70-100	-
Normal block of flat-brick or equivalent walls	-	70	-
Light concrete buildings	-	35	-
Swedish National Museums-Building structures	-	25	-
Swedish National Museums-Sensitive exhibits	-	-	5
Computer centre	0.1	-	2.5
Circuit breaker control room	-	-	0.5-2.0

11. Blast damage criteria for mass concrete (Tennessee Valley Authority and Distance Factor given by Oriard, 2002)

Concrete age from batching	Allowable particle velocity In/s (mm/s)	Definition of Distance Factor		
		Distance Factor	Distance from blast	
			(ft)	(m)
0-4 hrs.	4 (100) x D.F.	-	-	-
4 hrs.-1 day	6 (150) x D.F.	1.0	0-50	0-15
1 to 3 days	9 (225) x D.F.	0.8	50-150	15-46
3 to 7 days	12 (300) x D.F.	0.7	150-250	46-76
7 to 10 days	5 (375) x D.F.	0.6	250 +	76 +
10 days or more	20 (500) x D.F.	-	-	-

12. After German DIN Standard 4150 (1986)

Type of structures	Peak particle velocity (mm/s) at foundation		
	< 10 Hz	10-50 Hz	50-100 Hz
Offices and industrial premises	20	20-40	40-50
Domestic houses and similar constructions	5	5-15	15-20
Buildings that do not come under the above because of their sensitivity	3	3-8	8-10

13. Summary of residential criteria (after Oriard, 2002)

	Range of common residential criteria and effects
0.5 in/s (12.7 mm/s)	Bureau of mines recommended guideline for plaster-on-lath construction near surface (long-term, large-scale blasting operations, low frequency vibrations) RI-8507
0.75 in/s (19.1 mm/s)	Bureau of mines recommended guideline for sheet rock construction near surface mines (RI-8507)
1.0 in/s (25.4 mm/s)	OMS regulatory limits fir residences near surface mine operations at distances of 301-5000 ft (long-term, large-scale blasting)
2.0 in/s (50.8 mm/s)	Widely accepted limit for residences near construction blasting and quarry blasting (Bu Min Bulletin 656, RI 8507, various codes, specifications and regulations). Also allowed by OSM for frequencies above 30 Hz
5.4 in/s (137.0 mm/s)	Minor damage to the average house subjected to quarry blasting vibrations (Bu Min Bulletin 656)
5.4 in/s (229.0 mm/s)	About 90% probability of minor damage from construction or quarrying blasting. Structural damages to some houses. Depends on vibration sources, character of the vibrations and the house
20 in/s (500.8 mm/s)	For closed-in construction blasting, minor damage to nearly all houses, structural damage to some. A few may escape damage entirely. For low-frequency vibrations, major damage to most houses

Note: The criteria shown in this table apply only to residences, not to any other structures, facilities or materials.

14. After Langefors et al. (1958)

No damage	< 50 mm/s
Fine cracking	100 mm/s
Cracks	150 mm/s
Serious crack	225 mm/s

15. After Edwards and Northwood (1960)

Safe zone	< 50 mm/s
Damage zone	100-150 mm/s

16. After Duval and Fogelson (1962)

Major damage (95%)	50 mm/s

17. After Nichols et al. (1971)

Safe zone (95%)	< 50 mm/s
Danger zone	> 50 mm/s

18. Ground vibration effects summary (David Siskind, 2000: Vibration from Blasting International Society of Explosives Engineers)

PPV (in/s)	PPV (mm/s)	Vibration effects
0.001	0.0254	Quiet background
0.01	0.254	Threshold of human perception for steady-state vibration (physical)
0.03	0.762	Traffic at 50 ft (16 m)
0.03	0.762	Noticeable houses rattling and response from vibration
0.06	1.524	Threshold of human perception for transient vibration (physical)
0.10	2.54	Truck traffic on bumpy road at 50 feet (16 m)
0.18-0.32	4.572-8.128	Train at 20 feet
0.30	7.62	Pavement breaker at 30 feet
0.50	12.70	Lowest threshold for plaster creak extension in house
0.50	12.70	Lowest USBM safe vibration criteria (USBM RI-8507, for low frequencies)
0.50	12.70	Typical household environment from inside activities and natural forces of wind, temperature and humidity
0.70	17.78	ANSI limit for human comfort: steady state vibration (S-3.18-1979)
0.75	19.05	Strictest federal to protect homes from cosmetic cracking from surface coal mine blasts (OSM, for distances > 5,000 ft)
0.79	20.066	Lowest level for an observed crack extension in wallboard (RI8507)
1.00	25.40	Federal limit to protect homes from cosmetic cracking from surface coal mine blasts (OMS, for distances of 301 to 5,000 ft)
1.20	30.48	Response of house superstructure from 62-mph wind (BOCA code, 10 psf)
1.25	31.75	Federal limit to protect homes from cosmetic cracking from surface coal mine blasts (OMS, for distance < 300 ft)
2.00	50.80	USBM recommendation for safe blasting from 1962 and 1971 (RI 5968 and B 656)
2.00	50.80	Most states limit for protecting homes from blasting
2.00	50.80	Safe-level criteria for cosmetic cracking in homes from high-frequency blasts, such as construction (USBM RI 8507)
2.00	50.80	ANSI limit for human health: Steady state vibration (S-3.18-1979)
2.00	50.80	Highest vibrations generated inside homes by walking, jumping, slamming doors, etc.
4.00	101.6	ANSI limit for human health: steady-state vibration (S-3. 18)
5.00	127.0	Vibration tolerance for buried utilities including wells and pipelines
5.00	127.0	Lowest vibration for masonry vibration cracking from blasting
10.0	254.0	Threshold for cracking of mass concrete
12.0	304.8	Damage threshold for underground works

19. After Rosenthal and Morlock (1983)

Distance from blasting site (m)	Maximum allowable PPV (mm/s)
0 to 91.4	37.75
91.4 to 1524.0	25.40
1524 and above	19.05

Air overpressures standards and limit

1. Typical overpressure criteria (after Oriard, 2002)

1.0 psi (171 dB)	General window breakage
0.1 psi (151 dB)	Occasional window breakage
0.029 psi (140 dB)	Long-term history of application for as a safe project specifications
0.0145 psi (134 dB)	Bureau of mines recommendation following a study of large-scale surface mine blasting

2. Overpressure limit recommended by USBM for surface mining (RI 8485)

134 dB	0.1 Hz high pass measuring system
133 dB	2.0 Hz high pass measuring system
129 dB	6.0 Hz high pass measuring system
105 dB	C-slow weighting scale on a sound level meter

(events less than or equal to 2-sec duration)

Referências bibliográficas

ABGE – ASSOCIAÇÃO BRASILEIRA DE GEOLOGIA DE ENGENHARIA. *Anais do Simpósio sobre Escavações Subterrâneas*. 1982.

ABNT – ASSOCIAÇÃO BRASILEIRA DE NORMAS TÉCNICAS. *NBR 9061*: segurança de escavação a céu aberto: procedimento. Rio de Janeiro, 1985.

ABNT – ASSOCIAÇÃO BRASILEIRA DE NORMAS TÉCNICAS. *NBR 9653*: guia para avaliação dos efeitos provocados pelo uso de explosivos nas minerações em áreas urbanas. Rio de Janeiro, 2005.

ATKINS, K. P.; DIXON, D. E. *Vibrations of concrete structures and construction vibrations*. American Concrete Institute, 1979.

BARROS, M. L. S. C.; FREITAS, E. J. G.; FERRAZ, J. A. S.; LUSTOSA, F. Uma contribuição ao controle de vibração nas pedreiras. *Seminário Regional de Engenharia Civil (CIVIL 90)*, Recife, p. 555-566, 1990.

BERLING, J. O.; EKLUND, K.; SJOBERG, C. *A villa built of light concrete and concrete exposed to vibrations from blasting*. Bldg. Res. Summaries, R. 32. Swedish Council for Building Research, 1977.

BIENIAWSKI, Z. T. *Rock Mass Classification in Rock Engineering*. Cape Town: Balkema, 1976.

BIENIAWSKI, Z. T. *Engineering rock mass classification*: a complete manual for engineers and geologists in mining, civil, and petroleum engineering. New York: John Wiley & Sons, 1989.

CETESB – COMPANHIA AMBIENTAL DO ESTADO DE SÃO PAULO. *Avaliação e monitoramento das operações de desmonte de rocha com uso de explosivo na mineração*. Norma Técnica D7.013. fev. 2015.

CHIAPPETTA, R. F. *Applications of high speed photography in testing conventional and "hand-made" surface delays, in-the-hole delays, square knots and blast analysis*. BSc. (Thesis) – Mining Engineering Department, Queen's University, Kingston, Ontario, Canada, 1980.

CHRISTOFOLLETTI, C. *Correlação entre as classificações geomecânicas RMR e Q e sua relevância geológica*. Tese Dissertação (Mestrado) – Instituto de Geociências, Universidade de São Paulo, 2014.

CINTRA, B. H. *Comunicação pessoal*. [s.d.].

CRAQFORD, R.; WARD, H. S. *Dynamic strains in concrete and masonary walls*. Ottawa, Ontario: Can. Natl. Res. Counsil, Div. Bldg. Res., 1965.

CUNNINGHAM, C. The Kuz-Ram fragmentation model – 20 years on. *Brighton Conference Proceedings*, 2005.

DOWDING, C. H. *Construction Vibrations*. New Jersey: Prentice Hall, 1996.

ELETROPAULO. *Túnel de Pirapora – Aspectos de Projeto e Construção*, 1993.

GERALDI, J. L. P. *O ABC das Escavações de Rocha*. Rio de Janeiro: Interciências, 2011.

GOMES, J. S. *Mecânica do Impacto e Comportamento Dinâmico dos Materiais*. Porto: Feup, [s.d.].

GRIMSTAD, E.; BARTON, N. Updating the Q System for NMT. *Norwegian Concrete Association*, Oslo, 1993.

GUSTAFSSON, R. *Swedish Blasting Technique*. Sweden: SPI, 1973.

HOLMBERG, R. *Charge calculations for tunneling*. In: HUSTRULID, W. Underground Mining Methods Handbook. Colorado: SME, 1982.

HULSHIZER, A. J.; DESAI, A. J. Shock vibration effects on freshly placed concrete. *Journal of Construction Engineering and Management*, v. 110, n. 2, June 1984.

KLEIN, A. M. Aplicação da técnica de simulação para análise da superposição de ondas sísmicas gerada em desmonte de rocha pela dispersão dos tempos de retardo utilizando o método de Monte Carlo. Dissertação (Mestrado) – Escola de Minas, Universidade Federal de Ouro Preto, 2010.

LANGEFORS, U.; KIHLSTROM, B. *The Modern Technique of Rock Blasting*. New York: Jonh Wiley & Sons, 1963.

LITTLE, T. N. Flyrock risk. In: EXPLO CONFERENCE, Wollongong, NSW, 2007.

MINING & BLASTING FILES. *Vibration standards for different countries/researchers*. 2009.

NIEBLE, C. M. *A segurança nos desmontes com explosivos*. Dissertação (Mestrado) – Escola Politécnica, Universidade de São Paulo, 1974.

NIEBLE, C. M.; PENTEADO, J. A. Risk management: blasting rock near concrete inside a subway station in a densely populated urban environment. In: EUROCK, Cappadocia, Turkey, 2016.

NIEBLE, C. M.; AQUINO, A.; CINTRA, B. H. Desmontes sem Ultralançamento permitem Escavações Seguras na 2ª Etapa da UHE Tucuruí. In: XXIV SEMINÁRIO DE GRANDES BARRAGENS, Fortaleza, Ceará, 2001.

NIEBLE, C. M.; CINTRA, B. H.; MARTOTELLI, E. A.; MUNIZ, F. C.; SCARPIM, S. E. Escavações Cuidadosas Permitem Implantação Segura do Vertedouro Complementar da UHE Mascarenhas de Moraes com a Usina em Operação. In: XXV SEMINÁRIO NACIONAL DE GRANDES BARRAGENS, Salvador, BA, 2003.

ORIARD, L. L. *Construction vibrations and geotechnology*. ISEP, USA, 2005.

ORIARD, L. L.; COULSON, J. H. TVA blast vibration criteria for mass concrete. In: CONFERENCE OF ASCE, Portland, OR. *Proceedings...* 1980.

REDAELLI, L. Métodos Construtivos Especiais para Obras Subterrâneas. In: SEMANA PAULISTA DE GEOLOGIA APLICADA, 3, v.2, 1971.

SILVA, T. C. *Avaliação da carga máxima por espera através de lei de atenuação visando à minimização de danos decorrentes das operações de desmonte de rochas nas escavações da Arena Pernambuco*. 2012. Dissertação (Mestrado) – Centro de Tecnologia e Ciências, Universidade Federal de Pernambuco, 2012.

SISKIND, D. E.; STAGG, M. S.; KOPP, J. W.; DOWDING, C. H. *Structure response and damage produced by ground vibration from surface mine blasting*. RI 8507. U. S. Bureau of Mines, 1980.

WOODWARD, K. A.; RANKIN, F. Behavior of concrete block of standards. IR 83-2780, 1983.

Sobre o autor

CARLOS MANOEL NIEBLE é engenheiro de minas formado em 1966 pela Escola Politécnica da Universidade de São Paulo (USP). Em 1974, tornou-se mestre em Engenharia pela mesma instituição, tendo apresentado a dissertação "Segurança nos desmontes com explosivos".

De 1967 a 1975 trabalhou no Instituto de Pesquisas Tecnológicas (IPT), onde desenvolveu atividades relacionadas a mecânica de rochas e dinâmica de rochas, atingindo o grau de pesquisador-chefe.

Foi professor assistente da Escola Politécnica da USP até 1975, onde ministrou, para geólogos, engenheiros de minas e engenheiros civis, cadeiras relacionadas a Desmonte e Perfuração de Rochas com Explosivos, Mecânica das Rochas e Geologia de Engenharia.

Foi presidente da então Associação Brasileira de Geologia de Engenharia (ABGE) entre 1974 e 1976.

Em 1976 fez, com alguns parceiros, a primeira implosão de edifício do Brasil, a do edifício Mendes Caldeira, na Praça da Sé, em São Paulo. A esta se seguiram várias outras, sendo possível ressaltar a do Irmãos Conzo e a de um edifício no Largo do Machado, no Rio de Janeiro.

Participou da equipe da Paulo Abib Engenharia, maior empresa projetista e gerenciadora de mineração do país, onde atuou em mecânica de rochas e dinâmica de rochas e em mais de 30 barragens de disposição de rejeitos e lamas de mineração.

Foi consultor de diversos empreendimentos de mineração, entre os quais minas da Vale do Rio Doce, da Ferteco Mineração e de várias minerações a céu aberto e subterrâneas.

Foi projetista e consultor das principais hidrelétricas do Brasil e da América do Sul e Central, entre elas Itaipu, Tucuruí, Teles Pires e mais de cem outras, além de ter participado dos principais projetos de túneis e de metropolitanos do Brasil. Projetou e acompanhou os desmontes subaquáticos executados para o rebaixamento da calha do rio Tietê, executado ao longo dos 24 km próximos da Marginal do rio Tietê.

É autor de mais de 150 artigos, sendo mais de 40 em congressos internacionais. Junto com Guido Guidicini, é coautor do livro *Estabilidade de taludes naturais e de escavação*, editado pela Edgard Blucher em associação com a USP.

Atualmente, é consultor de risco geológico e dinâmica e mecânica das rochas aplicadas a hidrelétricas, túneis e metropolitanos subterrâneos.